中等职业教育改革创新示范教材

U0872607

电子整机装配工艺项目实训

主　编　柳　明
参　编　吴　丹　张晓宇
曹雪伟　刘　建

机械工业出版社
CHINA MACHINE PRESS

本书按照电子产品的装配过程组织编写，主要内容包括技术文件识读、元器件识别与检测、零部件装配、焊接工艺、整机总装工艺、整机调试与检验、包装。简而言之，电子产品的装配主要过程是电装、焊接、调试、检测。目前，电子技术日新月异，新器件、新材料层出不穷。本书以生产 DH801 数字机顶盒为载体，通过该产品的生产工艺流程来介绍电子整机装配生产工艺。

本书是从事电子装配的工程人员在长期的生产实践中积累的丰富经验及研究成果，适合职业学校相关专业学生学习，也可作为从事电子装配工作人员的参考书。

为方便教学，本书配套有电子课件等教学资源，凡选用本书作为教材的教师，可登录 www.cmpedu.com 网站，注册、免费下载，或来电（010-88379195）索取。

图书在版编目（CIP）数据

电子整机装配工艺项目实训/柳明主编. —北京：机械工业出版社，2019.9（2025.7 重印）

中等职业教育改革创新示范教材

ISBN 978-7-111-63633-5

Ⅰ.①电… Ⅱ.①柳… Ⅲ.①电子设备-装配（机械）-中等专业学校-教材 Ⅳ.①TN805

中国版本图书馆 CIP 数据核字（2019）第 199957 号

机械工业出版社（北京市百万庄大街 22 号 邮政编码 100037）

策划编辑：赵红梅　　责任编辑：赵红梅　柳　瑛

责任校对：张　薇　王　延　封面设计：陈　沛

责任印制：单爱军

保定市中画美凯印刷有限公司印刷

2025 年 7 月第 1 版第 7 次印刷

184mm×260mm · 8.75 印张 · 190 千字

标准书号：ISBN 978-7-111-63633-5

定价：27.00 元

电话服务　　网络服务

客服电话：010-88361066　　机　工　官　网：www.cmpbook.com

010-88379833　　机　工　官　博：weibo.com/cmp1952

010-68326294　　金　书　网：www.golden-book.com

封底无防伪标均为盗版　　机工教育服务网：www.cmpedu.com

前　言

随着电子产品制造技术的迅猛发展，职业学校“电子整机装配工艺实训”课程教学存在的主要问题是传统的教学内容和教学模式无法适应现代电子生产企业的发展。本书在编写过程中尝试打破原来的学科教学知识体系，依据行业职业技能鉴定规范，并参考电子企业的生产技术编写而成。

电子整机装配技术是一门知识性、创造性、实践性很强的技术，主要包含了电子材料与元器件技术、PCB技术、总装配技术、焊接技术、整机性能调试技术及电子测量技术等。具体来说，电子整机装配技术就是按照设计的电路原理图和工艺流程，将各种电子零部件通过焊接、组装“合拢”成一台电子产品，且该电子产品经过调试、检测后，满足具有独立功能的要求。本书按照现代电子企业的生产流程来构建技能培训体系；以项目为载体，用任务来驱动，依托具体的工作项目和任务，将有关专业内容逐次展开；按照技术文件识读、元器件识别与检测、零部件装配、焊接工艺、整机总装工艺、整机调试与检验、包装的流程编写。通过对本书的学习，学生应具备电子产品装配所需的知识和基本技能，掌握电子产品的现代化加工流程、先进的制造技术和最新的加工工艺。

本书既强调基础，又力求体现新知识、新技术、新工艺、新方法，教学内容与国家职业技能鉴定规范相结合。本书在体例上采用新的形式，简洁的文字表述，加上大量的实物图片，直观明了，同时注重理论和实践的有机结合，设置有“任务介绍”“知识链接”“能力训练”“技能拓展”几个小栏目，每个任务都有配套的实践技能训练，旨在强化学生技能的培养，突出“做中学、做中教”的职业教育教学特色。

本书由大连电子学校柳明担任主编并统稿，张晓宇、吴丹、曹雪伟、刘建参与了部分内容的素材提供和编写。另外，本书在编写过程中得到了大连东森电子有限公司安立志、刘伟工程师的技术指导和大力支持，在此表示感谢。

由于编者水平有限，书中难免有疏漏和不妥之处，恳请广大读者批评指正。

编　者

目　录

项 目 介 绍

本项目以生产 DH801 数字机顶盒为载体，如图 0-1 所示，通过该产品的生产工艺流程来介绍电子整机装配生产工艺。

本项目共分为七个任务：技术文件识读、元器件识别与检测、零部件装配、焊接工艺、整机总装工艺、整机调试与检验、包装。

通过七个任务完成 DH801 数字机顶盒的全部生产过程。

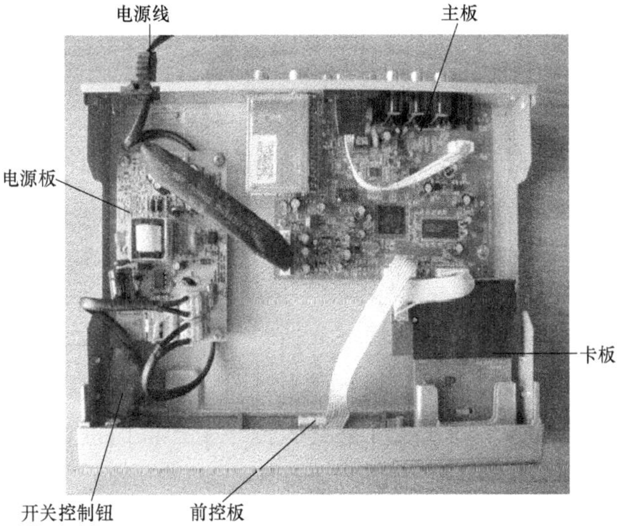

图 0-1　DH801 数字机顶盒内部结构

任务1

技术文件识读

1.1 任务介绍

技术文件是指电子整机产品研究、设计、试制与生产实践中通过经验积累所形成的一种技术资料，也是产品生产、使用和维修的基本依据。在电子整机产品规模生产的制造业中，产品技术必须执行统一的标准，实行严明的规范管理，不允许生产过程中有个人的随意性。

技术文件可以分为设计文件和工艺文件两大类。设计文件是产品在研究、设计、试制和生产实践过程中积累而形成的图样及技术资料，是组织生产的基本依据，同时也是制作工艺文件最重要的依据。工艺文件是具体指导生产部门进行生产的技术性文件，它是依据设计文件提出的具体的加工方法，是组织生产，指导生产，进行工艺管理、质量管理等主要的依据。所以工艺文件要做到正确、完整、清晰、统一。

本任务的主要内容是了解整机装配过程中的各类技术文件。通过举例说明机顶盒作业指导书及 BOM 文件等相关文件，让读者了解常见技术文件的识读方法和编制方法。

1.2 知识链接

1.2.1 设计文件

1. 设计文件的编号（见图 1-1）

（1）企业区分代号

由大写的汉语拼音字母组成，用以表示设计文件的编制单位。

（2）特征标记

按规定的技术特征分为 10 级（0~9 级），每级分为 10 类，每类分为 10 型，每型分为 10 种。产品的分级及说明见表 1-1。

（3）登记顺序号

登记顺序号用于区分同一类产品中不同的设计文件。通常用三位或四位数字表示。

（4）文件简号

文件简号是以该文件名的部分汉语拼音的首字母组成的。

例如，编号为 DX2. 013. 007DL 的设计文件，其含义如下：

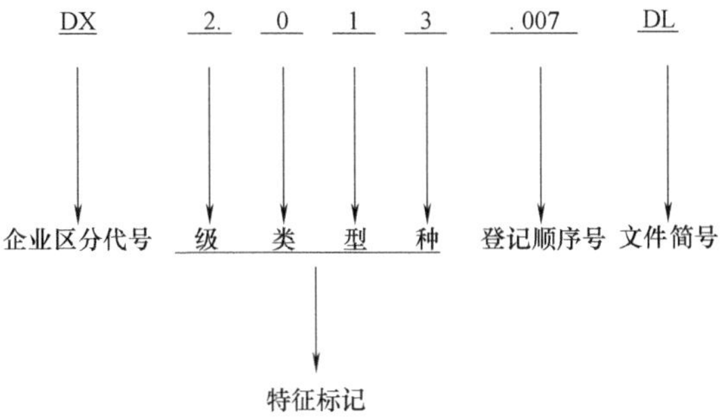

图 1-1 文件编号方法

企业代号“DX”由企业上级机关决定，根据此代号可知产品的生产厂家。在编写本企业的标准产品图号时，在企业代号前还要加上“Q/”。不同级、类、型、种的代号组合代表着不同产品的十进制分类编号特征标记。登记顺序号“007”是由本企业标准化部门统一编排决定的。文件简号是对设计文件中各种组成文件的简号规定，“DL”表示电气原理图。

表 1-1 产品的分级及说明

级的名称	级的规定代号	说　　明
通用文件	0	反应文件的不同目的、要求和作用
成套设备	1	成套设备明细表。由若干单独整件相互连接而共同构成的成套产品（如计算机系统、音响系统等）以及其他较简单的成套设备
整件	2~4	整件明细表。由材料、零件、部件等经装配连接后所组成的具有独立结构或者独立用途的产品（如收音机、电压表、微电机、电子管、电容器和变压器）以及其他较为简单的整件
部件	5、6	装配图。由材料、零件等组成的可拆卸或者不可拆卸的产品。它是在装配较为复杂的产品时必需的中间装配产品（如带骨架的线圈、安装好的电路板等）以及其他较为简单的部件和整件
零件	7、8	零件图。不采用装配工序而制成的产品（如无骨架线圈等）
	9	暂时不用，待补充时用

2. 设计文件的组成

每种产品都有自己配套的设计文件，一套完整的设计文件根据产品的复杂程度和生产特点的不同会存在着一定的差异。设计文件主要由以下内容组成：产品标准、零件图、装配图、安装图、总布置图、框图、逻辑图、电气原理图、接线图、机械传动图、机械原理图、技术说明书等，见表 1-2。

3. 设计文件的分类

设计文件的种类很多，根据分类方法的不同所分的种类也不同。按表达方式的不同，设计文件可以分为图样、简图、文字和表格；按绘制过程和特征的不同，可以分为草图、原图、底图、复印图和载有程序的媒体；按形成过程的不同，设计文件可以分为试制文件和生产文件。

表 1-2　成套电子设备及整机设计文件

序号	文件名称	文件简号	产品		产品的组成部分		
			成套设备	整机	整件	部件	零件
			1 级	1 级	2、3、4 级	5、6 级	7、8 级
1	产品标准		●	●			
2	零件图						●
3	装配图			●	●	●	
4	外形图	WX		○	○	○	○
5	安装图	AZ	○	○			
6	总布置图	BZ	○				
7	频率搬移图	PL	○	○			
8	框图	FL	○	○	○		
9	信息处理流程图	XL	○	○	○		
10	逻辑图	LJL		○	○		
11	电气原理图	DL	○	○	○		
12	接线图	JL		○	○		
13	线缆连接图	LL	○	○			
14	机械原理图	YL	○	○	○	○	
15	机械传动图	CL	○	○	○	○	
16	其他图	T	○	○	○	○	
17	技术条件	JT			○	○	○
18	技术说明书	JS	●	●			
19	使用说明书	SS	○	○	○	○	
20	表格	B	○	○	○	○	
21	明细表	MX	●	●	●		
22	整体总表	ZH	○	○			
23	备附件及工具汇总表	BH	○	○			
24	成套运用文件清单	YQ	○	○			
25	其他文件	W	○	○	○		

注：在“产品的组成部分”中，当零件需要绘制外形图时，则不应绘制零件图。表中，“●”表示必须编制的文件；“○”表示这些设计文件的编制应根据产品的性质、生产和使用的需要而定。

（1）按表达方式分类

1）图样：以投影关系为主绘制方式，用以说明产品加工和装配要求的设计文件，如零件图、外形图等。

2）简图：以图形符号为主绘制方式，由规定的符号、文字和图线组成的，用来说明产品电气装配连接、各种原理和其他示意性内容的技术文件，如框图、电路图等。

3）文字：以文字方式说明产品技术方面和组成情况的设计文件，如产品标准、技术说明书等。

4）表格：以表格方式说明产品技术方面和组成情况的设计文件，如整件明细表、整件汇总表等。

（2）按绘制过程和特征分类

1）草图：设计产品时所绘制的原始图样，属于临时性设计文件。当要求不高时，可以采取徒手绘制的方式。

2）原图：用来描绘底图的设计文件。一般情况下描绘成底图后即归档。

3）底图：用来确定产品及其组成部分的基本凭证图样，它是用来印制复印图的一种设计文件。企业有时会对某些产品绘制两套底图，底图可以分为基本底图和副底图，如印制底板、CAD 基准盘。

4）复印图：将底图以晒制、照相或者能保证与底图完全相同的其他方法所复制的一种设计文件，如复印图、工作图、蓝图等。

5）载有程序的媒体：当今的不少产品以软件开发为主，即载有完整独立的功能程序的媒体。通常把它们也归为图的一种。

（3）按形成的过程分类

1）试制文件：在设计性试制的过程中编制的各种设计文件。它是设计图纸逐步完善的过程，所以试制文件一般以草图为主。

2）生产文件：设计性试制完成后，经过整理修改，进行生产所使用的设计文件。

4. 常用设计文件简介

（1）框图

框图又称为系统图，是一种说明性图形，方框内表示各独立部分的性能、作用等，方框之间用线连接起来，表示各部分之间的相互关系。

1）框图的功能。

① 表达众多信息。粗略表达了某复杂电路（可以是整机电路、系统电路或功能电路等）的组成情况。通常是给出这个复杂电路的主要单元电路的位置、名称以及各部分单元电路之间的连接关系，如前级和后级关系等信息。

② 表达信号传输方向。框图表达了各单元电路之间的信号传输方向，从而使识图者能够了解信号在各部分单元电路之间的传输顺序；根据框图中所标出的电路名称，识图者可以了解信号在这一单元电路中的处理过程，为分析具体电路提供了指导性的信息。

框图主要是为了识图的需要，了解框图的特点对识图、修理具有重要意义。

2）框图的特点。

① 框图简明清楚，可方便地看出电路的组成部分和信号的传输方向、途径以及信号在传输过程中受到的处理过程，例如，信号是得到了放大还是受到了衰减等。

② 由于框图比较简洁，而且逻辑性强，因此便于记忆，同时它所包含的信息量比较大，这就使得框图更为重要。

③ 框图有简明的，当然也有详细的。框图越详细，为识图者提供的有益信息就越多。在各种框图中，集成电路的内电路框图是最为详细的。

④ 框图中往往会标出信号在电路中的传输方向（用箭头表示），这一点对于识图是

非常有用的。尤其是集成电路内电路框图，它可以帮助识图者了解是输入引脚还是输出引脚（根据引脚上的箭头方向就可以得知这一点）。

图 1-2 所示为并联开关稳压电源框图。

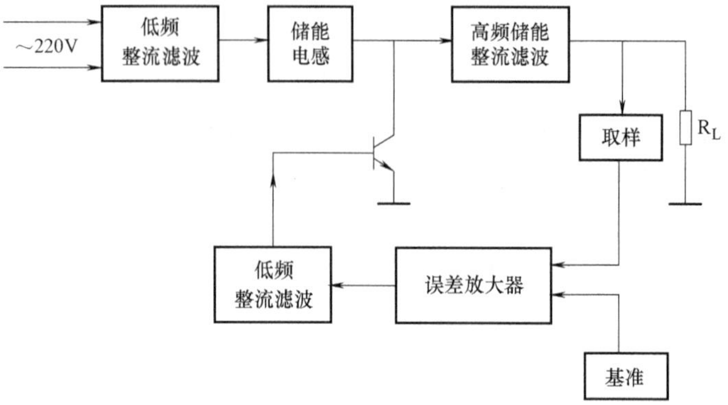

图 1-2　并联开关稳压电源框图

3）框图的识图方法。

① 分析信号的传输过程。在了解整机电路图中的信号传输过程时，主要是看图中箭头所指示的方向，箭头所在的通路表示信号的传输通路，箭头方向指示信号的传输方向。在某些音响设备的整机电路框图中，左、右声道电路的信号传输指示箭头采用实线和虚线分开表示，如图 1-3 所示。

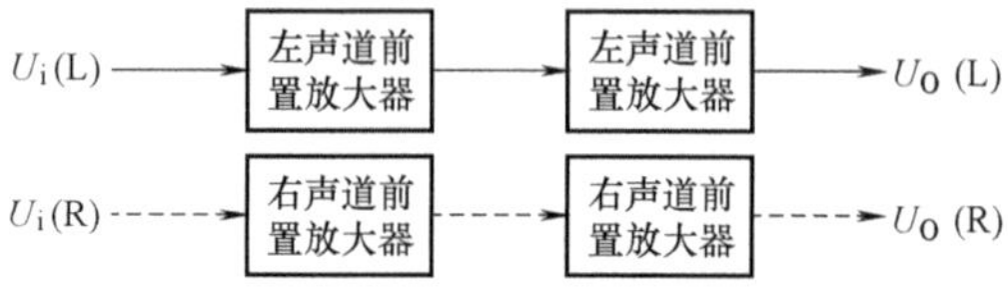

图 1-3　左、右声道电路示意图

② 记忆电路组成。在记忆一个电路系统的组成时，由于具体电路过于复杂，因此要用框图。这样可以看出各部分电路之间的相互关系，特别是控制电路系统，可以看出控制信号的传输过程和控制信号的来源和控制的对象。

③ 分析集成电路。分析集成电路在整机电路中的应用时，没有体现集成电路的引脚作用，可以借助于集成电路的内电路框图来分析，特别是可以明确地知道哪些引脚是输入脚，哪些引脚是输出脚，哪些引脚是电源引脚，而这三种引脚对识图是非常重要的。当引脚引线的箭头指向集成电路的外部时，是输出引脚，箭头指向内部时，是输入引脚。

另外，在有些集成电路内电路框图中，有的引脚上箭头是双向的，如图 1-4 所示，这表示信号既能够从该引脚输入，也能从该引脚输出。

图 1-4　引脚示意图

4）框图识图的注意事项。

① 客户提供的电路资料中一般情况下都不会给出整机电路框图，不过大多数同类型机器的电路组成是相似的，利用这一特点，可以用同类型机器的整机框图作为参考。

② 一般情况下，对集成电路的内电路是不必进行分析的，只需通过集成电路内电路框图

来了解箭头指向内部时是输入引脚，理解信号在集成电路内电路中的放大和处理过程。

③ 框图是众多电路中首先要记忆的电路图，记住整机电路框图和其他一些主要系统电路的框图，是学好电子电路的第一步。

（2）电路图

电路图又称电气原理图。主要是采用电气图形符号按工作顺序排列，说明产品各元器件或者单元电路之间的相互关系以及电气工作原理的图，是编制装配图和接线图的依据。电路图通常是在框图的基础下绘制的。

电路图主要由元器件符号、连线、节点、注释四大部分组成。

元器件符号：表示实际电路中的元器件，它的形状与实际的元器件可能不是很相似，但是可以表示出元器件的特点，而且引脚的数目都和实际元器件保持一致。

连线：表示的是实际电路中的导线，在原理图中是一根线，但在常用的印制电路板中往往不是线而是各种形状的铜箔，例如收音机原理图。

节点：表示几个元器件引脚或几条导线之间相互连接的关系，所有和节点相连的元器件引脚、导线，不论数目多少，相互之间都是导通的。

注释：在电路图中是十分重要的，电路图中所有的文字都可以归入注释一类。细看各种电路图就会发现，在电路图的各个地方都有注释存在，它们是用来说明元器件的型号、名称等。图 1-5 所示为机顶盒的电源电路图。

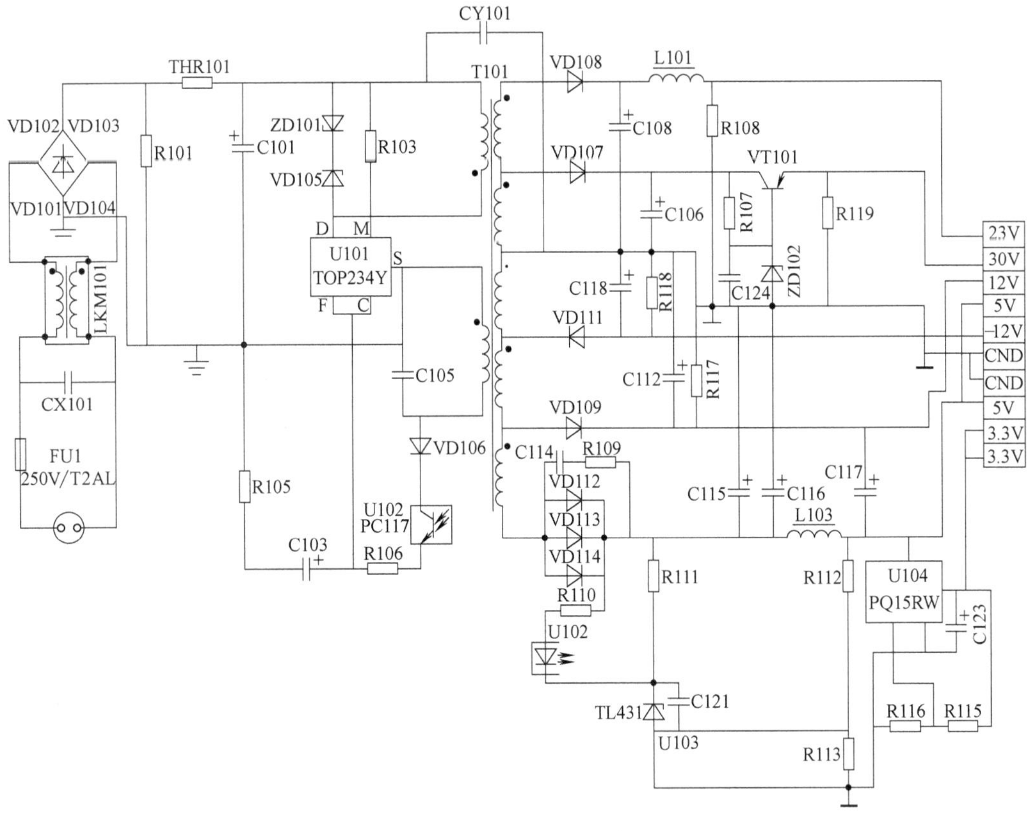

图 1-5　机顶盒电源电路图

电路图的基本要求如下所述：

1）电路图中的所有元器件应该按照国家标准规定的图形符号和文字代号进行绘制，文字代号一般标注在图形符号的左方或者上方。

2）元器件的位置应该依据电气工作原理自左向右或者自上而下顺序合理地进行排列，图面应紧凑清晰、连线短且交叉少。电路图上的元器件可以另外列出明细表，标明各自的项目代号、名称、型号和数量等。

3）为了清晰方便，有时某些单元在原理图上可以用方框表示，并单独给出其电路图。

（3）装配图

装配图是用来表示组成产品各零部件的安装、布置和相互位置关系的图样。装配图一般包括如下要求和内容。

1）采用足够数量的视图，用来保证获得产品各个组成部分的位置和相互连接的关系。

2）元器件一般用图形符号表示，或者全部用实物表示。可以不必画出细节，有时只用简化的外形轮廓表示。

3）外形尺寸、安装尺寸、与其他产品连接的位置和尺寸。

4）装配过程中或是装配结束后的加工要求。

5）装配图中可不画印制导线。

装配图的分类：按产品的级别分，可分为部件装配图和整件装配图；按生产管理和工艺分，可分为总装图、结构装配图、印制电路板装配图等。图 1-6 所示为印制电路板装配图，图 1-7 所示为机顶盒电源板装配图的示意图。

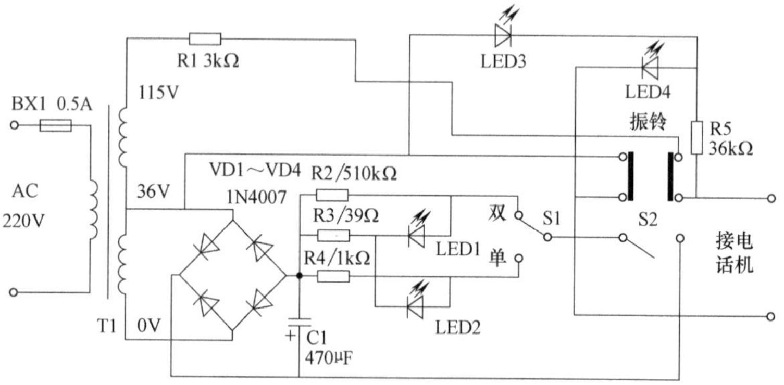

图 1-6　印制电路板装配图

装配图的识读：首先要看标题栏，了解图的名称和图号；接着看明细栏，了解图中各零部件的序号、名称、数量等内容，分别按序号找到每个零件在装配图上的具体位置；然后分析装配图上各个零件的相互位置关系和装配连接关系等。在看清读懂装配图的基础上，根据工艺文件的要求，对照装配图进行装配。

有些电子元器件都是装在印制电路板上的，因此只需要印制电路板的装配图即可。

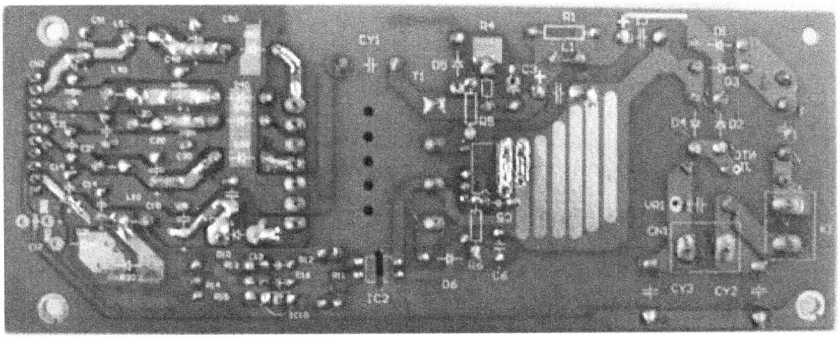

图 1-7　机顶盒电源板装配图

印制电路板装配图是表示印制电路板上各元器件及零部件、整件与印制电路板之间的装配、连接关系的图样，它主要用于指导印制电路板部件的装配、生产和维修。

（4）接线图

接线图是用来表示产品及其组成部分内部的连接关系，用以进行产品的安装接线、线路检查、线路维修和故障处理的一种简图。它是按照产品中元器件的相对位置关系和接线点的实际位置进行绘制的。在实际应用中，接线图通常是与电气原理图和装配图一起使用的。

（5）技术条件

技术条件是对产品的质量指标、规格及检验方法等所做出的各项技术规定。技术条件是产品生产者和产品使用者必须遵循的技术依据，一般包括以下内容：说明技术条件的用途、使用范围、编写依据和使用的有关标准。说明产品的性能指标、主要参数及允许的误差等。说明产品的结构特点、外形尺寸及安装尺寸。按产品技术要求的规定对产品进行试验的方法。对产品的检验规则，一般包括检验类别和条件、抽样方式、检验项目和步骤、复验规定、检验后产品的处理等内容。标志、保管和运输，标志指产品的标志或存放的容器、包装上的标志；保管指对存放环境的温、湿度及卫生条件的要求；运输指对运输工具及保护措施的要求。

（6）技术说明书和使用说明书

技术说明书是用以说明产品的主要用途、适用范围、性能、组成、工作原理、参数指标、安装调试及其使用维护方法等的设计文件，它能概括地反映一个产品的全貌，为使用和研究提供参考。技术说明书一般包括下列内容：概括性地说明产品的用途、性能、组成、原理和特点等；定量地列出产品的各项技术指标和技术参数；较详细地阐述产品的工作原理；反映产品的主要设计构想，以及产品在结构上的特点、特性及其组成等；指导用户合理安装，正确使用，例如，给出安装图、安装步骤、使用程序及注意事项等；指导用户在需要时对产品进行正确的调整，使产品达到规定的技术指标，并且说明在正常情况下的维护要求，以及在发生一般故障时的排除方法。

使用说明书的内容相对来说比技术说明书简单，常根据用户的需要而编写，一般包括概述、主要性能指标、安装图、电路图、使用维护方法等。产品使用说明书有两种，一种是工业产品使用说明书；一种是消费产品使用说明书。对于简单产品只需要编制使用说明书。

1.2.2 工艺文件

所谓的工艺文件，是指组织和指导生产、开展工艺管理等各种技术文件的总称，是根据设计文件，结合企业的设备、布局和职工技能等实际情况制定出的指导工人操作和用于生产、工艺管理等的技术文件。它规定了实现设计文件所要求的具体工艺过程，体现高质量、低成本、高效益的原则。工艺文件是企业进行生产准备、物料供应、计划管理、生产调度、人员分配、工模具管理、工艺管理、经济核算和质量控制的主要依据。

工艺文件很多，生产第一线的员工不可能接触到所有的工艺文件。对于初学者，一般先熟悉一些常用的工艺文件，做到能熟练识读工艺文件，能按工艺文件的要求进行电子产品的装配。

1. 工艺文件的编制原则和编制要求

（1）工艺文件的编制原则

工艺文件既是组织生产又是指导生产的技术资料。编制工艺文件时，应该结合企业的实际情况，在保证产品质量、稳定生产、提高效率、保证生产安全、降低材料损耗和生产成本的前提下，以最经济合理的工艺手段进行加工为原则进行具体的编制。因此，要做到以下几点：

1）根据产品的批量大小和复杂程度来编制相应的工艺文件。

2）根据生产车间的具体组织形式和设备条件以及员工的操作水平进行编制，确保工艺文件的可行性。

3）对于未定型的产品，可以制作临时工艺文件，或者进行现场督导，不进行工艺文件的编写。

4）工艺文件应以图形示例为主，加入必要的文字说明。尽量做到一目了然，便于操作。

5）凡是属于装配工人应知应会的基本工艺规程内容，可以不再编入工艺文件。

（2）工艺文件的编制要求

成套的工艺文件是生产定型的依据之一，所以工艺文件的编制要做到正确、完整、统一、清晰。工艺文件的具体编制要求如下：

1）工艺文件要统一格式，统一幅面。格式和幅面要符合相关规定，并装订成册，而且要保证其成套性。

2）工艺文件要字迹清楚、幅面整洁、图形正确。

3）工艺文件中所使用的名称、编号、符号、图号、元器件代号等，要与设计文件保持一致，不能随意更改。

4）工艺文件的附图可以不完全按照实样绘制，但是比例一定要准确。

5）工艺文件中要详细列出工序所使用的工具、设备和辅助材料。对于调试检验工序，要明确技术指标、功能要求、调试方法。对于需要使用仪器仪表的，要明确量程和挡位。

6）装接图中的接线部位要清楚，接点要明确。内部接线可采取单独放大，或者明确标注的方式体现出来。

7）工艺文件要有拟制、审核、批准栏供相关责任人签署。签署者要对整个工艺文件的正确性、完整性以及标准负有责任。

2. 工艺文件的分类

工艺文件一般可分为两大类，即工艺管理文件和工艺规程。

（1）工艺管理文件

工艺管理文件是企业组织生产和控制工艺工作的技术文件。常用的工艺管理文件有工艺文件目录、工艺路线表、材料消耗工艺定额明细表、配套明细表、工艺文件更改通知单、关键零部件明细表等。

（2）工艺规程

工艺规程是具体地规定产品或零件制造工艺过程和操作方法等的工艺文件，是工艺文件的主要部分。工艺规程按使用性质分为以下三种：专用工艺、通用工艺和标准工艺；按加工专业可分为：机械加工工艺卡片、电气装配工艺卡片、扎线工艺卡片、油漆涂敷工艺卡片等。

3. 工艺文件的作用

1）为生产所需的材料、设备等提供必要的资料。

2）为生产部门提供工艺方法和流程，为安排生产计划、人员调整、工时计算提供必要的资料。

3）为各工序和岗位的操作人员提出具体的操作方法提供依据，满足生产需要。

4）为质量控制部门提供保证产品质量的检测方法，为产品的质量与安全生产提供资料。

5）为生产计划部门进行成本核算提供资料。

6）是建立和调整生产环境的指导文件。

4. 工艺文件的内容

工艺文件的内容见表1-3。

表1-3 工艺文件的内容

序号	工艺文件名称	预研制阶段	设计阶段	试制阶段	批量生产阶段
1	工艺总方案		△	△	△
2	工艺路线表	+	○	△	△
3	工艺装备明细表		○	△	△
4	非标准仪器、仪表、设备明细表		○	△	△
5	材料消耗工艺定额明细表	+	○	○	△
6	辅助材料定额明细表		+	+	△
7	外协件明细表		+	+	+
8	关键、重要零部件明细表		○	△	△
9	关键工序明细表		○	△	△

（续）

序号	工艺文件名称	预研制阶段	设计阶段	试制阶段	批量生产阶段
10	生产说明书		+	△	△
11	各类工艺过程卡片	+	○	△	△
12	各类工艺卡片		○	△	△
13	各类工序卡片		○	△	△
14	各类典型工艺(工序)卡片		+	+	+
15	毛坯下料卡片		+	+	+
16	检验卡片		○	△	△
17	产品工艺性分析报告		△	△	
18	专题技术总结报告		△	△	△
19	工艺评审结论		△	△	△
20	工艺定型总结报告				△
21	专用工艺设备设计文件	+	△	△	△
22	非标准设备设计文件		△	△	△
23	工艺文件目录		+	△	△

注：表中“△”表示必须编制的文件；“○”表示这些设计文件的编制应该根据产品性质、生产和使用的需要来决定；“+”表示基本设计文件。

5. 工艺文件的式样

(1) 工艺文件的封面

工艺文件的封面作为产品全套工艺文件装订成册的封面，可能是一册也可能是几册，根据产品的复杂程度确定。产品型号、产品名称、产品图号、本册内容分别填写产品的型号、名称和图号，本册内容填写本册主要的工艺内容名称。“共××册”填写全套工艺文件的册数；“第××册”填写本册在全套工艺文件当中的序号；“共××页”填写本册工艺文件的总页数。“批准：××”填写批准人的姓名，下方注明批准的日期。在最上方或者最下方一般写入本单位的全称。封面具体格式见表 1-4。

表 1-4 工艺文件封面

<table>
<tr><td colspan="2"></td><td rowspan="6">工艺文件

共 册
第 册
共 页

产品型号：
产品名称：
产品图号：
本册内容：

批 准：
年 月 日</td></tr>
<tr><td colspan="2">旧底图总号</td></tr>
<tr><td colspan="2"></td></tr>
<tr><td colspan="2">底图总号</td></tr>
<tr><td colspan="2"></td></tr>
<tr><td>日期</td><td>签名</td></tr>
</table>

（2）工艺文件的目录

工艺文件的目录主要是用来反映工艺文件的齐套性，供查阅装订成册的工艺文件用。格式见表1-5。

表 1-5 工艺文件目录

		工艺文件目录		产品名称或型号		产品图号
	序号	文件代号	零件、部件、整件图号	零部整件名称	页数	备注
旧底图总号	更改标记	数量	文件号	签名	日期	签名
						拟制
						审核
底图总号	签名				日期	第 页
日期						共 页
签名						

（3）工艺路线表

工艺路线表用于产品生产的安排和调度，用于说明零件、部件、整件加工的部门和工序。“装入关系”栏通过方向指示线显示产品零件、部件及整件的装配关系；“部件用量”和“整件用量”栏填写与产品明细表相对应的数量。“工艺路线及内容”栏填写零件、部件、整件加工过程中各部门及其工序的名称或者代号。工艺路线表见表1-6。

（4）导线及扎线加工表

导线及扎线加工表用于导线和扎线的加工准备及排线。“线号”栏填写导线的编号或扎线图中导线的编号。“名称规格”栏填写导线的名称和规格。“颜色”栏填写导线外皮的颜色。“数量”栏填写需要该导线的数量。“导线长度”栏内的“L 全长”“A 剥头”“B 剥头”分别填写导线的剥线尺寸，以及导线A、B剥头的长度尺寸。“连接点Ⅰ”连接点“Ⅱ”栏分别填写导线焊接的去向。“设备”栏填写导线及扎线加工所用的设备。“工时定额”栏填写每种导线或扎线的加工时间。空白栏用来画简图。导线及扎线加工表见表1-7。

表 1-6　工艺路线表

<table>
<tr><td rowspan="11"></td><td colspan="4" rowspan="2">工艺路线表</td><td colspan="2">产品名称或型号</td><td>产品图号</td></tr>
<tr><td colspan="2"></td><td></td></tr>
<tr><td>序号</td><td>图号</td><td>名称</td><td>装入关系</td><td>部件用量</td><td>整件用量</td><td>工艺路线及内容</td></tr>
<tr><td></td><td></td><td></td><td></td><td></td><td></td><td></td></tr>
<tr><td></td><td></td><td></td><td></td><td></td><td></td><td></td></tr>
<tr><td></td><td></td><td></td><td></td><td></td><td></td><td></td></tr>
<tr><td></td><td></td><td></td><td></td><td></td><td></td><td></td></tr>
<tr><td></td><td></td><td></td><td></td><td></td><td></td><td></td></tr>
</table>

<table>
<tr><td>旧底图总号</td><td></td><td></td><td></td><td></td><td></td><td></td><td></td></tr>
<tr><td rowspan="2"></td><td></td><td></td><td></td><td></td><td></td><td></td><td></td></tr>
<tr><td></td><td></td><td></td><td></td><td></td><td></td><td></td></tr>
</table>

<table>
<tr><td>底图总号</td><td>更改标记</td><td>数量</td><td>文件号</td><td>签名</td><td>日期</td><td colspan="2">签名</td><td>日期</td><td colspan="2" rowspan="2">第　页</td></tr>
<tr><td rowspan="2"></td><td></td><td></td><td></td><td></td><td></td><td>拟制</td><td></td><td></td></tr>
<tr><td></td><td></td><td></td><td></td><td></td><td>审核</td><td></td><td></td><td colspan="2" rowspan="2">共　页</td></tr>
<tr><td>日期</td><td colspan="6"></td><td colspan="2"></td></tr>
<tr><td>签名</td><td colspan="5"></td><td>批准</td><td colspan="2"></td><td>第册</td><td>第页</td></tr>
</table>

表 1-7　导线及扎线加工表

<table>
<tr><td rowspan="8"></td><td colspan="7" rowspan="2">导线及扎线加工表</td><td colspan="4">产品名称或型号</td><td colspan="2">产品图号</td></tr>
<tr><td colspan="4"></td><td colspan="2"></td></tr>
<tr><td rowspan="2">导线</td><td rowspan="2">线号</td><td rowspan="2">名称规格</td><td rowspan="2">颜色</td><td rowspan="2">数量</td><td colspan="3">导线长度</td><td rowspan="2">连接点Ⅰ</td><td rowspan="2">连接点Ⅱ</td><td rowspan="2">设备</td><td rowspan="2">工时定额</td><td rowspan="2">备注</td></tr>
<tr><td>L 全长</td><td>A 剥头</td><td>B 剥头</td></tr>
<tr><td></td><td></td><td></td><td></td><td></td><td></td><td></td><td></td><td></td><td></td><td></td><td></td><td></td></tr>
<tr><td></td><td></td><td></td><td></td><td></td><td></td><td></td><td></td><td></td><td></td><td></td><td></td><td></td></tr>
<tr><td></td><td></td><td></td><td></td><td></td><td></td><td></td><td></td><td></td><td></td><td></td><td></td><td></td></tr>
<tr><td colspan="13" rowspan="3">（简图）</td></tr>
<tr><td>旧底图总号</td></tr>
<tr><td></td></tr>
</table>

<table>
<tr><td>底图总号</td><td>更改标记</td><td>数量</td><td>文件号</td><td>签名</td><td>日期</td><td colspan="2">签名</td><td>日期</td><td>第　页</td></tr>
<tr><td rowspan="2"></td><td></td><td></td><td></td><td></td><td></td><td>拟制</td><td></td><td></td><td></td></tr>
<tr><td></td><td></td><td></td><td></td><td></td><td>审核</td><td></td><td></td><td></td></tr>
<tr><td>日期</td><td colspan="5"></td><td rowspan="2">批准</td><td></td><td></td><td>共　页</td></tr>
<tr><td>签名</td><td colspan="5"></td><td colspan="2"></td><td>第　册　第　页</td></tr>
</table>

（5）装配工艺过程卡

装配工艺过程卡又称工艺作业指导卡，它反映了整机生产全过程中各零部件、组件和整件装配的工艺过程，包括准备、装联、调试、检验、包装入库等各道工序。装配工艺过程卡是生产计划部门作为车间分工和安排生产计划，进行生产调度的依据；也是工艺人员编制工艺文件的依据。“装入件及辅助材料”栏填写装入件及辅助材料代号、名称、规格和数量。“车间”栏填写该工序所属的车间名称。“工序号”“工种”栏填写该工序的顺序号和工种名称的简称。“工序内容及要求”栏填写装配工艺加工的内容和要求。“设备及工装”栏填写该工序所需设备及工装的名称、型号。“工时定额”栏填写该工序的工时工艺定额。空白处绘制工艺简图。装配工艺过程卡见表 1-8。

表 1-8　装配工艺过程卡

<table>
<tr><td rowspan="7"></td><td colspan="4" rowspan="2">装配工艺过程卡</td><td colspan="3">装配件名称</td><td colspan="2">装配件图号</td></tr>
<tr><td colspan="3"></td><td colspan="2"></td></tr>
<tr><td rowspan="2">工序号</td><td colspan="2">装入件及辅助材料</td><td rowspan="2">车间</td><td rowspan="2">工序号</td><td rowspan="2">工种</td><td rowspan="2">工序内容及要求</td><td rowspan="2">设备及工装</td><td rowspan="2">工时定额</td></tr>
<tr><td>图号、名称</td><td>数量</td></tr>
<tr><td></td><td></td><td></td><td></td><td></td><td></td><td></td><td></td><td></td></tr>
<tr><td></td><td></td><td></td><td></td><td></td><td></td><td></td><td></td><td></td></tr>
<tr><td></td><td></td><td></td><td></td><td></td><td></td><td></td><td></td><td></td></tr>
<tr><td></td><td colspan="9" rowspan="3">（简图）</td></tr>
<tr><td>旧底图总号</td></tr>
<tr><td></td></tr>
</table>

<table>
<tr><td>底图总号</td><td>更改标记</td><td>数量</td><td>文件号</td><td>签名</td><td>日期</td><td colspan="2">签名</td><td>日期</td><td colspan="2">第　页</td></tr>
<tr><td rowspan="2"></td><td></td><td></td><td></td><td></td><td></td><td>拟制</td><td></td><td></td><td colspan="2"></td></tr>
<tr><td></td><td></td><td></td><td></td><td></td><td>审核</td><td></td><td></td><td colspan="2"></td></tr>
<tr><td>日期</td><td colspan="5"></td><td rowspan="2">批准</td><td></td><td></td><td colspan="2">共　页</td></tr>
<tr><td>签名</td><td colspan="5"></td><td colspan="2"></td><td>第　册</td><td>第　页</td></tr>
</table>

除了上述的工艺文件外，还有“工艺说明”“外协件明细表”“材料消耗工艺定额明细表”“配套明细表”等工艺文件，可根据实际情况制订填写，在此不进行详述。

1.2.3　作业指导书

作业指导书是指导产品生产线上的员工进行具体操作的工艺文件，在电子产品的生产过程中，每个岗位都有相应的作业指导书。因此，一个产品的作业指导书可以装订成册，在生产时进行多次使用。

机顶盒的内部主要由四种电路板组成：主板、前控板、电源板和卡板。此处将详细说明机顶盒主板（见图 1-8）在加工过程中各个工序和岗位的作业指导书。当然我们所提到的作业指导书只能作为参考，毕竟不同公司的作业指导书都有着一定的不同之处，但是主旨基本相同。

图 1-8　机顶盒主板装配图

主板的各个工序和岗位作业指导书举例如图 1-9~图 1-15 所示。

在编制作业指导书的过程中要注意以下几点：

1）为了便于读懂，作业指导书必须写明产品名称、规格和型号。

2）要写明工位号及工位名称。

3）说明本工位所需要的原材料、设备工具及相应的规格、型号、数量及生产厂家等。

4）用实物图进行指导，便于员工对照作业。

5）要有具体的操作要求和注意事项，做到通俗易懂。

6）注明拟制人、审核人和批准人。

1.2.4 BOM 文件

BOM 文件是生产过程最重要的依据，它涵盖了生产厂家的资财号、元件编号、元件类型、标称值、元件参数、使用数量（QTY）、制造商、元件封装、元件标号等内容。

在制作程序的过程中，BOM 文件也是最重要的依据。根据 BOM 及坐标文件，对照电路板进行程序的编制，从而使设备能够读懂输入的内容并显示给操作人员识读。图 1-16、图 1-17 所示为机顶盒面板和主板的 AI BOM 文件。

作业产品	工程名	文件版本	制成日期	制成	审核	批准
机顶盒 360000 DH801 主板	准备作业	A				

作业图

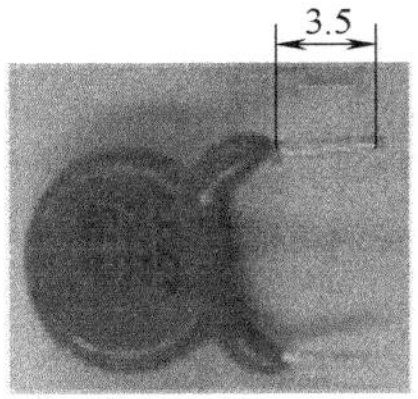

1

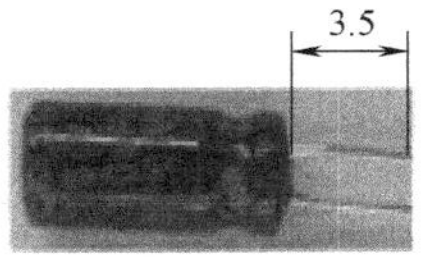

2

单位(mm)：

误差范围为±0.1mm

作业内容(注意事项)

部件表

No	资料号	厂家编号	品名	描述		部品位置	工时/s
1	160127	E2CA8103P89E00	瓷片电容	10nF		C813	0.36
2	160126	E2C28477CS1510	电解电容	470μF		CE1	0.36

作业内容

按图示要求将元器件成型，误差范围为±0.1mm

注意：

成型过程中注意钳子角度，元器件引脚焊接时以免溅落锡珠

产能：5000套/h·人

工具

–成型机

–防静电手环，防静电手套

操作人	日期

图 1-9 准备作业指导书

作业产品	工程名	文件版本	制成日期	制成	审核	批准
机顶盒 360000 DH801 主板	工位1　上工装	A				

作业图

作业内容(注意事项)

部件表

No	资料号	厂家编号	品名	描述		部品位置
1			上工装			固定PCB四角
2						
3						

作业内容

将PCB摆入工装内，确认PCB无起伏后，固定四角

注意：

PCB放入工装内无起伏

产能：165张/h

工具

–防静电手环

操作人	日期

图 1-10　上工装作业指导书

作业产品	工程名	文件版本	制成日期	制成	审核	批准
机顶盒 360000 DH801 主板	工位2　插件	A				

作业图

作业内容(注意事项)

部件表

No	资料号	厂家编号	品名	描述		部品位置
1	185097	E2P1AV68400001	AV端子	AV-6B	耐高温，BCAB，黄*2红*2白*2	CN6
2	160127	E2CA8103P89E00	瓷片电容	10nF		C813
3	185098	E2P90000Y08001	网口	RJ45	带灯，带屏蔽	CON1
4	185099	E2POXH04P01000	条形连接器		4PIN-2.54	J3
5	185096	E2P60000200101	S端子	S-VIDEO	耐高温，S-V端子	CN2
6	185102	E2POXH08P01000	条形连接器		8PIN-2.54	CN11

作业内容

按图示将部件表内元器件插入到对应的板位上

插入AV端子CN6、网口CON1和S端子CN2时，接口一侧朝向PCB外侧插入

插入瓷片电容C813。插入网口插座时，接口一侧朝向PCB外侧插入

插入条形连接器J3和CN11时，注意部件有缺口一侧对准PCB板位有缺口一侧插入

注意：

插件时，避免元器件有起伏、漏插、错插、反向、误插和引脚接触不良等现象

产能：165张/h

工具

-防静电手环

操作人	日期

图 1-11　插件作业指导书

作业产品	工程名	文件版本	制成日期	制成	审核	批准
机顶盒 360000 DH801 主板	工位3 插件 目检	A				

作业图

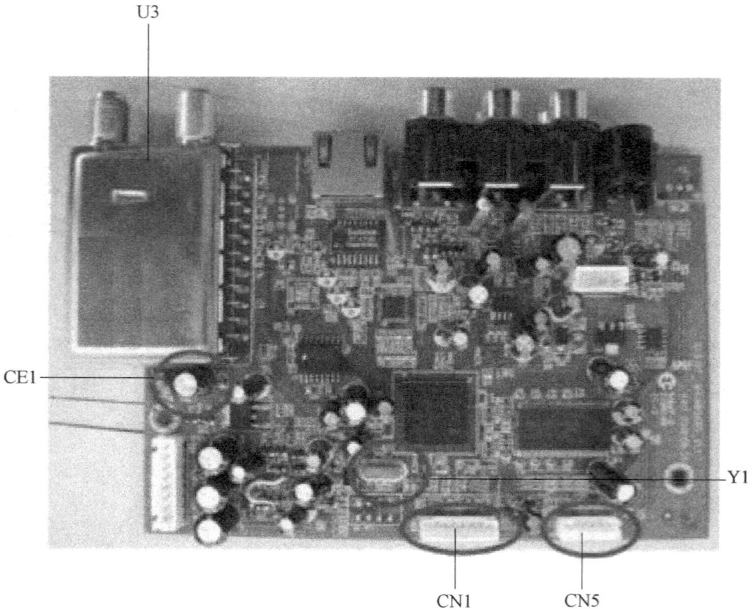

作业内容(注意事项)

部件表

No	资料号	厂家编号	品名	描述		部品位置
1	175061	Y05ALPSC01A010	高频头1	TDAE2-C01A	DVB-C HALF TUNER	U3
2	180049	E2L0030M006300	晶振	30M	15pf-30R-20PPM-48s	Y1
3	185100	E2POXH08P03000	条形连接器		8PIN-2.0	CN1
4	185100	E2POXHD08P03000	条形连接器		8PIN-2.0	CN5
5	160126	E2C28477C51510	电解电容	470μF		CE1

作业内容

按图示将部件表内元器件插入到对应的板位上

插入高频头U3，时注意部件有插口一侧应朝向PCB外侧

插入CN5时应空出阴影部分的两个过孔，插入时，有缺口的一侧对准PCB有缺口的一侧插入

插入电容CE1时，注意部件有白色阴影的一侧对准PCB板位有阴影的一侧插入

目检所有元器件的起伏、漏插、错插、反向和误插等不良现象并予以纠正

注意：

插件时，避免元器件有起伏、漏插、错插、反向、误插和引脚接触不良等现象

产能：165张/h

工具

-防静电手环

操作人	日期

图 1-12　插件及目检作业指导书

作业产品	工程名	文件版本	制成日期	制成	审核	批准
机顶盒 360000 DH801 主板	工位4 除工装	A				

作业图

作业内容(注意事项)

部件表

No	资料号	厂家编号	品名	描述		部品位置
1			除工装			
2						
3						

作业内容
除工装、将工装返回手插第一工位

注意：
工装从波峰焊出来时温度较高，需佩戴防静电手套作业

产能：165张/h

工具
-防静电手环

操作人	日期

图 1-13 除工装作业指导书

作业产品	工程名	文件版本	制成日期	制成	审核	批准
机顶盒 360000 DH801 主板	工位5 正背面维修	A				

作业图

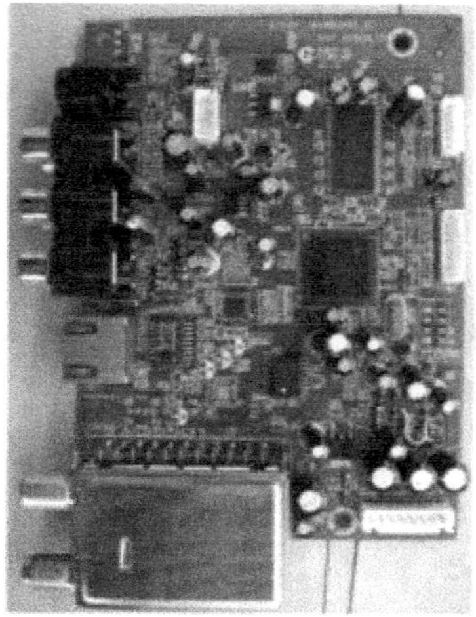

作业内容(注意事项)

作业内容

正面目检

1. 检查部件是否漏插、逆插、起伏及误插现象
2. 确认PCB电容白色部分和PCB电容阴影部分对应
3. 特别注意部件与PCB完全贴合(起伏高度如下：AV≤0.1mm 高频头≤0.08mm，网口≤0.1mm，其他≤0.35mm)
4. 检查PCB板面是否清洁，是否有异物

背面目检

1. 检查PCB背面是否有漏焊、连焊、焊点大以及引脚接触不良等现象
2. 检查部件引脚的长短(0.5～2.5mm)，以确认部件是否有起伏和漏插现象
3. 检查板面是否整洁，是否有异物等

对目检出的不良现象进行维修，并清除非固定在焊盘上的锡珠、锡渣

产能：85张/h

工具

- 防静电手套
- 烙铁
- 防静电手环

操作人	日期

图 1-14　维修作业指导书

作业产品	工程名	文件版本	制成日期	制成	审核	批准
机顶盒 360000 DH801主板	工位5　正背面目检	A				

作业图

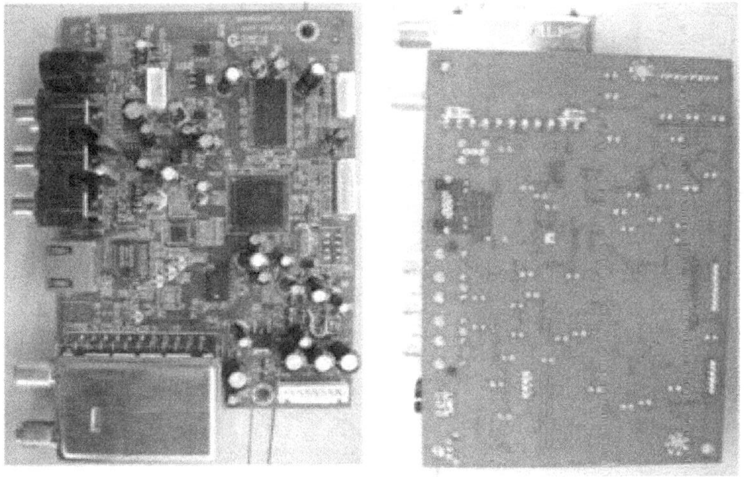

作业内容(注意事项)

作业内容

正面目检

1. 检查部件是否有漏插、逆插、起伏及误插现象
2. 确认PCB电容白色部分和PCB电容阴影部分对应
3. 特别注意部件与PCB完全贴合(起伏高度如下：AV≤0.1mm，高频头≤0.08mm，其他≤0.35mm)
4. 检查PCB板面是否清洁,是否有异物

背面目检

1. 检查PCB背面是否有漏焊、连焊、焊点大以及引脚接触不良等现象
2. 检查部件引脚的长短(0.5～2.5mm),以确认部件是否有起伏和漏插现象

   对超过2.5mm的PIN进行剪切(定长元器件不用修剪)
3. 检查板面是否整洁,是否有异物等

对目检出的不良处贴不良标签,并返回维修工位

产能:165张/h

工具

–防静电手套

–防静电手环

操作人	日期

图 1-15　目检作业指导书

是否为符合RoHS标准产品 □是 ☑否

DH801 面板

Material 360005 DH801 面板

Item	东海资材号	元件编号	元件分类	标 称 值	元 件 参 数	QTY	制 造 商	元件封装	元 件 标 号	备注
3	160128	E2CA8104F48E00	瓷片电容	0.1μF	编带CJ11-0.1μF-50V-Z	2	国产/振华/智伟	CX	C901 C902	AI
4	150049	E2R0180R034000	色环电阻	0Ω	编带000-1/8W-J，间距7.5	2	国产	R-AXIAL0.4	R910 R911	AI
5	150050	E2R01822034000	色环电阻	22Ω	编带220-1/8W-J，间距7.5	1	国产	R-AXIAL0.4	R901	AI
6	150051	E2R01833134000	色环电阻	330Ω	编带331-1/8W-J，间距7.5	2	国产	R-AXIAL0.4	R902 R903	AI
7	150054	E2R01851334000	色环电阻	51kΩ	编带513-1/8W-J，间距7.5	1	国产	R-AXIAL0.4	R904	AI
18	135124	E2B25197251100	PCB前面板	单面156mm×31mm	FP-5197-V1-3	1	国产/锦鹏/联丰			

图 1-16 机顶盒面板 AI BOM 文件

是否为符合RoHS标准产品 □是 ☑否

DH801 主板

Material 360004 DH801 主板 2011.02.18

Item	资材号	元件编号	元件分类	标 称 值	元 件 参 数	QTY	制 造 商	元件封装	元 件 标 号	备注
58	160122	E2C28106B51210	电解电容	10μF	编带10u/16V(25V)-M-Φ4	13	国产/永顺/金福达/宝尔	ECD4.0-1.0	C75 C78 C79 C81 C108 C111 C119 C123 CA2 CA3 CP1 CP4 EC2	AI
59	160123	E2C28226B51210	电解电容	22μF	编带CD11C-22u/16V-M-Φ4	2	国产/永顺/金福达/宝尔	ECD4.0-2.0	CE5 CE9	AI
60	160124	E2C28107B51210	电解电容	100μF	编带CD110-100u/16V-M-Φ5	6	国产/永顺/金福达/宝尔	ECD5.0-2.5	C26 CE4 CP2 CP3 CP6 CP12	AI
61	160125	E2C28227B51420	电解电容	220μF	编带CD110-220u/16V-M-Φ6	9	国产/永顺/金福达/宝尔	ECD6.3-2.5	CP17 CP18 CP19 CA1 CE2 CE3 CE10 CE11 CE12	AI
62	160126	E2C28477C51510	电解电容	470μF	CD110-470u/16V-M-Φ8，间距3.5	1	国产/永顺/金福达/宝尔	ECD8.0-3.0	CE1	AI
63	160127	E2CA8103P89E00	瓷片电容	10nF	CJ11-10nF-2000V-Z，间距7.5	1	国产/振华/智伟	DIP	C813	AI
73	135126		PCB主板	双面136mm×96.3mm	ST5197_ MAINBOARD_V1.23	1	浩嘉兴			
74	135125						国产			

图 1-17 机顶盒主板 AI BOM 文件

1.3 能力训练

1.3.1 训练要求

1）学会阅读各类产品作业指导书。

2）学会编制作业指导书。

1.3.2 训练器材与工具

1）设计文件、工艺文件规范各一套。

2）文具一套、A4 纸若干。

1.3.3 训练内容与步骤

1）收集、阅读各类产品作业指导书。

2）作业指导书制作训练。

编制 DH801 机顶盒前控板准备作业的作业指导书，文件编号可自行设置。表 1-9 为机顶盒前控板部件表。图 1-18 为机顶盒前控板部件实物。

表 1-9　机顶盒前控板部件表

No	资材号	品名	描述		部品位置	工时/s
1	160129	电解电容	47μF	CD110-47μF/16V-M-ϕ5，间距 2.0 卧倒插入	EC902 EC903	10.8
2	185104	红外接收头	IRM56384	2.7~5V, f_o = 38kHz	U901	5.4
3	170044	发光二极管	红色	ϕ3 普亮 红色	POWER	1.8
	170045	发光二极管	绿色	ϕ3 高亮 绿色	LOCK	1.8
4	185107	线材	带连接线条形	8PIN-2mm-AWG26-170mm-弯针	CON1	3.6

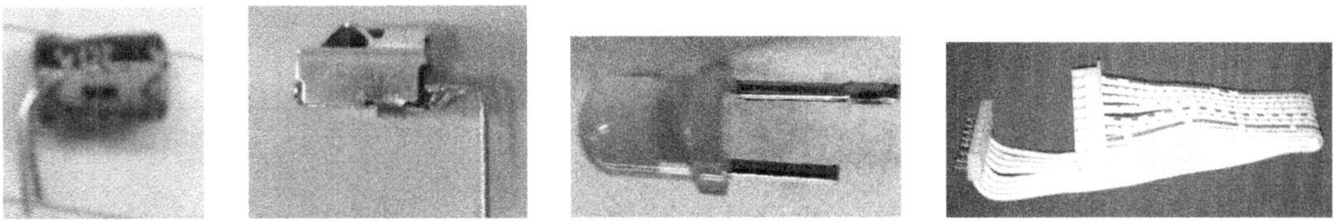

a)　b)　c)　d)

图 1-18　机顶盒前控板部件实物

作业内容：

按图 1-19 要求将元器件成型，误差范围为±0.1mm。

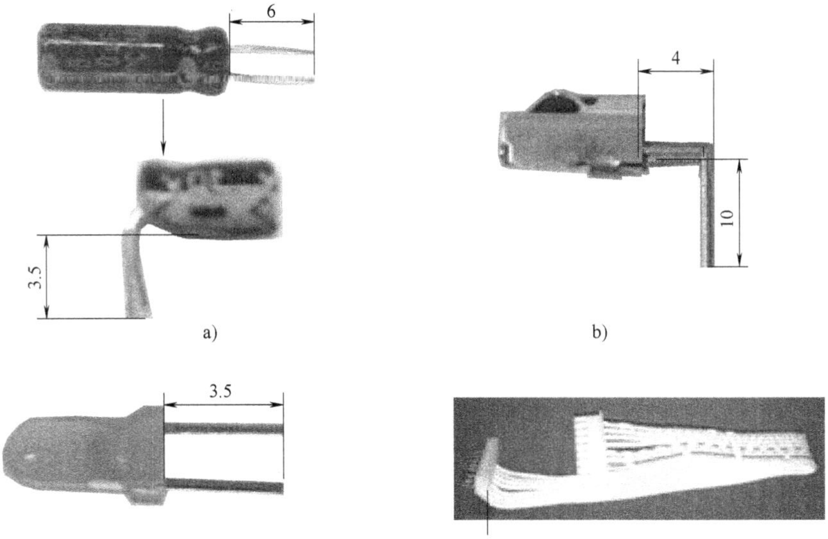

c)　d)

单位(mm)：误差范围为±0.1mm

图 1-19　机顶盒前控板部件成型图示

成型电解电容时，先使用散料成型机剪 PIN，剩余 PIN 长为 6mm，然后从根部将元件引脚折弯 90°，折弯后，从部件底部到 PIN 端应为 3.5mm，注意折弯方向。

成型红外接收头时，先将元件引脚折弯 90°，折弯后，从部件根部到折弯处宽度应为 4mm，然后使用散料剪脚机剪脚，剩余 PIN 长为 10mm。

成型线材时，先将线材加热软化，然后按图 1-19 中方向成型。成型时不能将插座 PIN 折弯。

注意事项：

1）成型过程中注意钳子角度，元器件引脚焊接时以免溅落锡珠。

2）产能：100 套/h · 人。

3）使用工具：成型机、防静电手环、防静电手套、钢板尺、加热器。

1.3.4 训练报告与评价

将训练结果填入表 1-10 中。

表 1-10 训练报告

姓名		训练项目	
班级		训练时间	
作业流程			
遇到问题			
自我评价			
教师评价			
教师签字			

1.4　技能拓展

编制 DH801 机顶盒主板准备作业的作业指导书，文件编号可自行设置。

1.4.1　训练要求

1）学会阅读各类产品的作业指导书。
2）学会编制作业指导书。

1.4.2　训练器材与工具

1）设计文件、工艺文件规范各一套。
2）文具一套、A4 纸若干。

1.4.3　训练内容与步骤

1）收集、阅读各类产品作业指导书。
2）收集 DH801 机顶盒主板相关资料，编制 DH801 机顶盒主板准备作业的作业指导书。

1.4.4　训练报告与评价

将训练结果填入表 1-11 中。

表 1-11　训练报告

姓名		训练项目	
班级		训练时间	
作业流程			
遇到问题			
自我评价			
教师评价			
教师签字			

任务2

元器件识别与检测

2.1 任务介绍

电子元器件是电子产品中具有独立电气功能的基本单元，例如，电阻器、电容器、晶体管、集成电路和变压器等，它们的性能和质量直接影响整机电子产品的品质。因此，从事电子产品装配的技术人员必须熟悉各类电子元器件的性能与用途，掌握对各类电子元器件识别与检测方法。

2.2 知识链接

2.2.1 电阻器

1. 基本知识

电流通过导体时，导体对电流有一定的阻碍作用，这种阻碍作用称为电阻。在电路中起电阻作用的元器件称为电阻器，简称电阻。它在电路中有限流、分压、阻抗匹配等作用。导体的电阻通常用 R 表示，单位是欧姆，简称欧，符号 Ω。工程上还采用千欧（kΩ）、兆欧（MΩ）、毫欧（mΩ）为单位。

电阻元件的电阻值大小一般与温度、材料、长度、横截面积有关。在温度一定的情况下，有

$$R=\rho L/S$$

式中，ρ 为电阻的电阻率（Ω · m），是由其本身性质决定；L 为电阻的长度（m）；S 为电阻的横截面积（m^2）。

电阻按其工作特性可分为固定电阻、可变电阻和特殊电阻三种。按材料可分为碳膜电阻、金属膜电阻、氧化膜电阻和绕线电阻等。

2. 电阻的识别

电阻的阻值标法通常有直标法、色环法、数字法和文字符号法。

（1）直标法

直标法是将电阻的标称阻值及允许偏差直接标注在电阻表面。这种方法适用于体积较大的电阻元件，如图 2-1 所示。通常以 R、K、M 表示小数点。

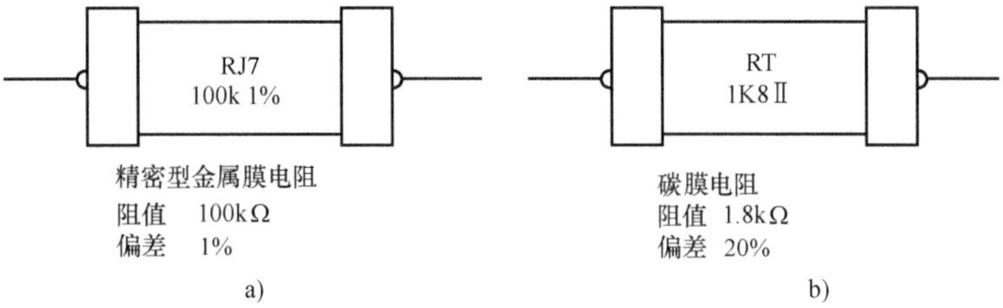

图 2-1　直标法

（2）色环法

色环法主要应用在圆柱形的电阻上，如碳膜电阻、金属膜电阻、金属氧化膜电阻、熔丝电阻、绕线电阻等，如图 2-2 所示。

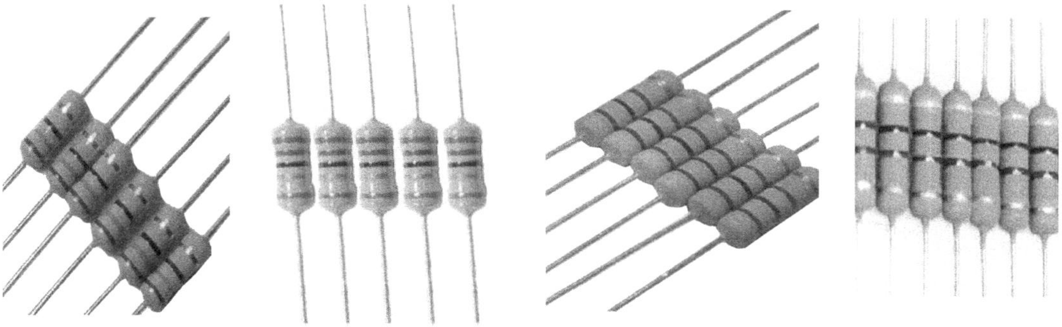

a) 碳膜电阻　　b) 金属膜电阻　　c) 金属氧化膜电阻　　d) 绕线电阻

图 2-2　色环法

所谓色环法，即用不同颜色的色环来表示电阻参数。色环电阻有 4 个色环的，也有 5 个色环的，各个色环所代表的意义如图 2-3 所示。

色环电阻是应用于各种电子设备中最多的电阻类型，但在实践中发现，有些色环电阻的排列顺序不甚分明，往往容易读错，在识别时，可运用如下技巧加以判断。

技巧 1：先找表示误差的色环，从而确定色环顺序。最常用的表示电阻误差的颜色是：金、银、棕。尤其是金环和银环，一般绝少用作电阻色环的第一环，所以在电阻上只要有金环和银环，就可以基本认定这是色环电阻的最末一环。

技巧 2：棕色环是否是误差标志的判别。棕色环既常用作误差环，又常作为有效数字环，且常常在第一环和最末一环中同时出现，使人很难识别谁是第一环。在实践中，可以按照色环之间的间隔加以判别，例如，对于一个五色环电阻而言，第五环和第四环的间隔比第一环和第二环的间隔要宽一些，据此可判定色环的排列顺序。

技巧 3：在仅靠色环间距还无法判定色环顺序的情况下，还可以利用电阻的生产序列值加以判别。例如，有一个电阻的色环读序是：棕、黑、黑、黄、棕，其值为：100×

数值的读取方法

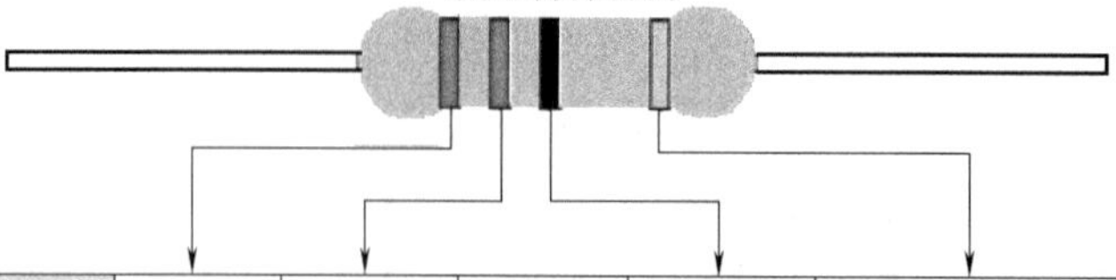

颜色	每一段	第二段	第三段	乘数	误差	
黑色	0	0	0	1		
棕色	1	1	1	10	±1%	F
红色	2	2	2	100	±2%	G
橙色	3	3	3	1k		
黄色	4	4	4	10k		
绿色	5	5	5	100k	±0.5%	D
蓝色	6	6	6	1M	±0.25%	C
紫色	7	7	7	10M	±0.10%	B
灰色	8	8	8		±0.05%	A
白色	9	9	9			
金色				0.1	±5%	J
银色				0.01	±10%	K
无					±20%	M

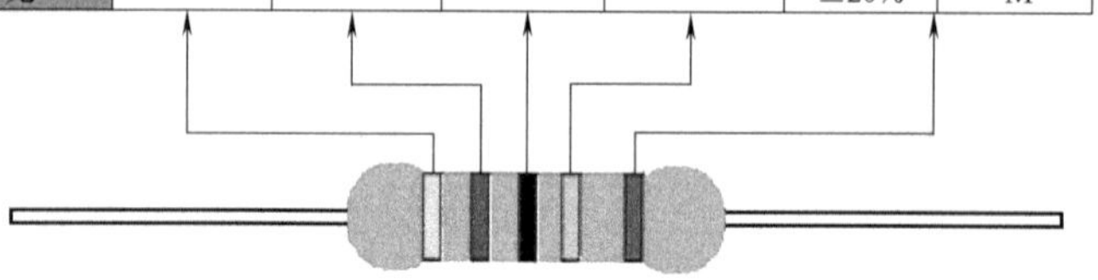

a) 色环颜色含义

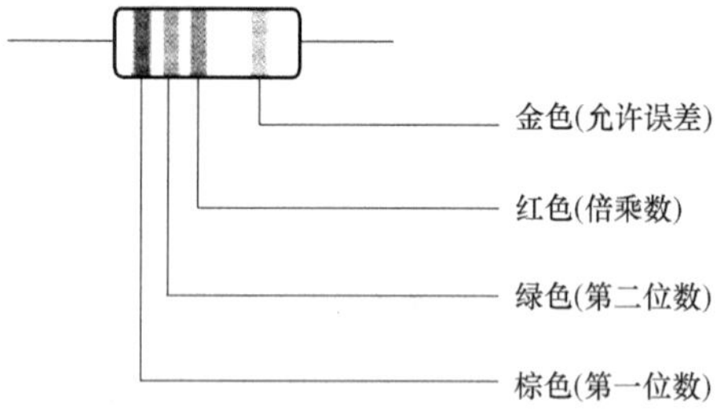

b) 四色环电阻

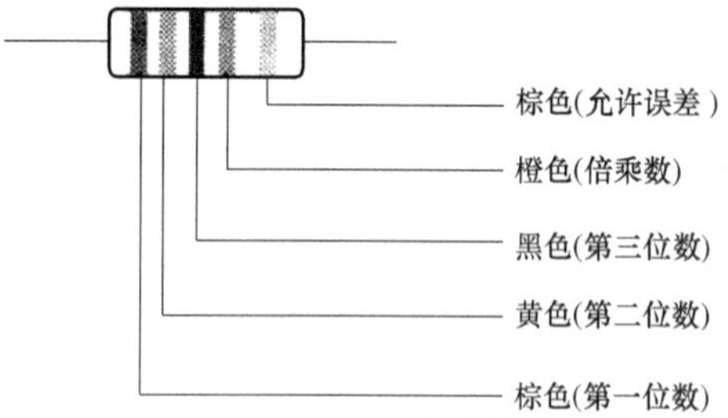

c) 五色环电阻

图 2-3　色环所代表的意义

10000Ω = 1MΩ 误差为 1%，属于正常的电阻系列值；若是反顺序读：棕、黄、黑、黑、棕，其值为 140×1Ω = 140Ω，误差为±1%。显然，按照后一种排序所读出的电阻值，在电阻的生产系列中是没有的，故后一种色环顺序是不对的。

(3) 数字法

由于贴片电阻比较小，一般采用数字法，即用三位数字表示元件的标称值，如图 2-4 所示。

从左至右，前两位表示有效数字，第三位表示倍乘数。当第三位数字是 9 时为特例，表示 10^{-1}。如 512 表示 $51\times10^{2}\Omega = 5.1\text{k}\Omega$，519 表示 $51\times10^{-1}\Omega = 5.1\Omega$。

(4) 文字符号法

文字符号法是用数字和文字符号或两者有规律的组合来表示电阻的阻值，如图 2-5 所示。

图 2-4　数字法

图 2-5　文字符号法

不同的文字符号表示的含义不同，见表 2-1 和表 2-2。对于表示单位的文字符号（K，M），其前面的数字表示阻值的整数部分，其后面的数字表示阻值的小数部分。

表 2-1　表示单位的文字符号

文字符号	单位及名称	文字符号	单位及名称
R	Ω(10^0) 欧姆	G	GΩ(10^9) 吉欧
K	kΩ(10^3) 千欧	T	TΩ(10^{12}) 太欧
M	MΩ(10^6) 兆欧		

表 2-2　表示偏差的文字符号

文字符号	允许偏差(%)	文字符号	允许偏差(%)
W	±0.05	G	±2
B	±0.1	J	±5
C	±0.25	K	±10
D	±0.5	M	±20
F	±1	N	±30

例如，6R2J 表示该电阻标称值为 6.2Ω，允许偏差为±5%；3K6K 表示电阻值为 3.6kΩ，允许偏差为±10%；1M5 则表示电阻值为 1.5MΩ，允许偏差为±20%。

3. 电阻的检测

（1） 固定电阻的检测

将万用表两表笔（不分正负）分别与电阻的两端引脚相接触，即可测出实际电阻值，如图 2-6 所示。

为了提高测量精度，应根据被测电阻标称值的大小来选择万用表量程。由于欧姆挡刻度的非线性关系，它的中间一段分度较为精细，因此应使指针指示值尽可能落到刻度的中段位置，即全刻度起始的 20%～80% 弧度范围内，以使测量更准确。根据电阻误差等级的不同，读数与标称阻值之间分别允许有±5%、±10% 或±20% 的误差。如不相

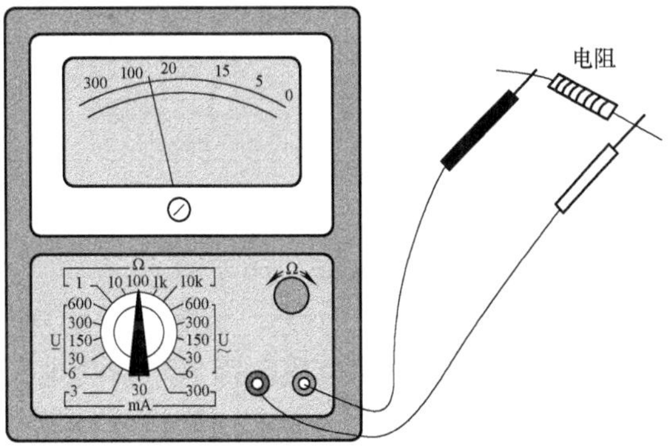

图 2-6　固定电阻的检测

符，超出误差范围，则说明该电阻实际阻值不是标称值。

注意： 测试时，特别是在测几十千欧以上的电阻时，手不要触及万用表表笔和电阻的导电部分；被检测的电阻需从电路中拆下，至少要拆下一端，以免电路中的其他元件对测试产生影响，造成测量误差；色环电阻的阻值虽然能以色环标志来确定，但在使用前，最好还是用万用表测试一下其实际阻值。

（2）可变电阻的检测

电位器是具有三个引出端、阻值可按某种变化规律调节的电阻元件，如图 2-7 所示。

图 2-7　不同形状的电位器

检查电位器质量时，首先要转动其旋柄，感受旋柄转动是否平滑，开关是否灵活，开关通、断时“喀哒”声是否清脆，并听一听电位器内部接触点和电阻体摩擦的声音，如有“沙沙”声，说明质量不好。用万用表测试电位器时，先根据被测电位器阻值的大小选择万用表的合适电阻挡位，然后按下述方法进行检测，如图 2-8 所示。

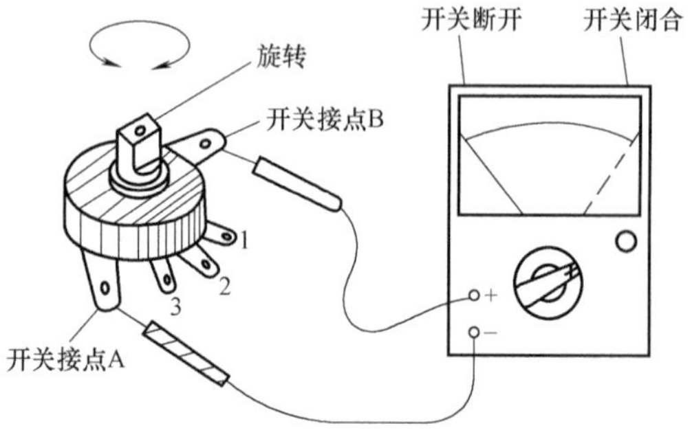

图 2-8　对带开关电位器的检测

1）用万用表的欧姆挡测“1”“3”两端，其读数应接近电位器的标称阻值，如万用表的指针不动或阻值相差很多，则表明该电位器已损坏。

2）检测电位器的活动臂与电阻片的接触是否良好。用万用表的欧姆挡测“2”“1”（或“2”“3”）两端，将电位器的转轴按逆时针方向旋至接近“关”的位置，这时电阻值越小越好。再顺时针慢慢旋转轴柄，电阻值应逐渐增大，万用表的指针应平稳偏移。当轴柄旋至极端位置时，阻值应接近电位器的标称值。如万用表的指针在电位器的轴柄转动过程中有跳动现象，说明活动触点有接触不良的故障。

2.2.2　电容器

1. 基本知识

电容器通常简称电容，用字母 C 表示。电容是由两个电极及其间的介电材料构成的。介电材料是一种电介质，当被置于两块带有等量异性电荷的平行极板间的电场中时，由于极化现象而在介质表面产生极化电荷，遂使束缚在极板上的电荷相应增加，从而维持极板间的电位差不变。这就是电容具有电容特征的原因。电容中储存的电量 Q 等于电容量 C 与电极间的电位差 U 的乘积。电容量与极板面积和介电材料的介电常数 ε 成正比，与介电材料厚度（即极板间的距离）成反比电容是电子设备中大量使用的电子元器件之一，在电路中起隔直通交、耦合、旁路、滤波、调谐、能量转换、控制等作用。

电子电路中常用的电容有电解电容、瓷片电容和涤纶电容，如图 2-9 所示。

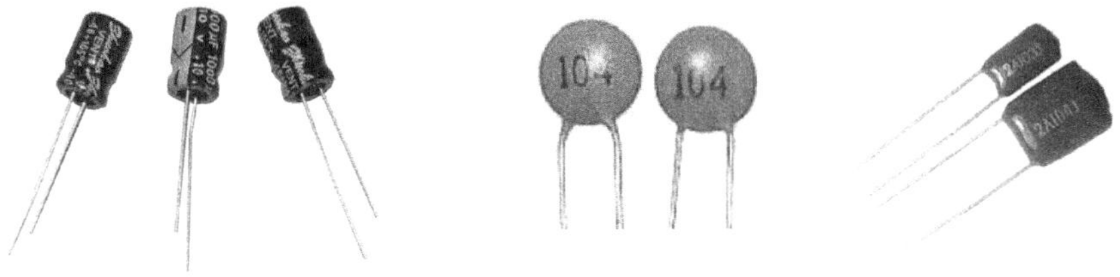

a) 电解电容　　b) 瓷片电容　　c) 涤纶电容

图 2-9　电容

2. 电容识别

（1）直标法

直标法是将电容的容量、正负极性、耐电压值等参数直接标注在电容体上，多用于体积比较大的电容，如电解电容。

如图 2-10 所示，该电解电容参数为“68μF，400V”。

（2）色标法

用色环或色点表示电容的主要参数。电容的色标法与电阻相似，如图 2-11 所示。

图 2-10　直标法

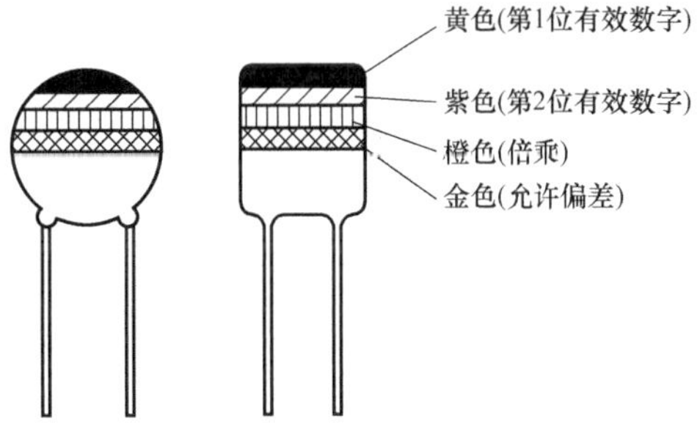

图 2-11　色标法

（3）数标法

数标法一般用三位数字表示电容量大小，前两位表示有效数字，第三位数字表示倍乘数，单位为 pF。如图 2-12 所示，104 表示 10×10^4pF，203 表示 20×10^3pF。

（4）文字符号法

文字符号法是用数字和文字符号有规律的组合来表示电容容量。文字符号表示其电容量的单位有 P、N、u、m、F 等，和电阻的表示方法相似。标称允许偏差也和电阻的表示方法相似。小于 10pF 的电容，其允许偏差用字母代替：B——±0.1pF，C——±0.2pF，D——±0.5pF，F——±1pF。

如 p10 表示 0.1pF；1p0 表示 1pF；6P8 表示 6.8pF；2u2 表示 2.2μF。

电容器偏差标志符号：±3%——H；+50%、-10%——T；+30%、-10%——Q；

+50%、-20——S；+80%、-20%——Z。

3. 电容的检测

(1) 固定电容的检测

1) 检测 10pF 以下的小电容：因 10pF 以下的固定电容容量太小，用万用表进行测量时，只能定性地检查其是否有漏电、内部短路或击穿现象。测量时，可选用万用表 R×10k 挡，用两表笔分别任意接电容的两个引脚，阻值应为无穷大。若测出阻值（指针向右摆动）为零，则说明电容漏电损坏或内部击穿。

2) 对于 0.01μF 以上的固定电容，可用万用表的 R×10k 挡直接测试电容器有无充电过程以及有无内部短路或漏电，并可根据指针向右摆动的幅度大小估测出电容的容量。

(2) 电解电容的检测

电解电容有正、负极。一般在电解电容的外壳热缩套管上标有“负极”标识，如若没有套管，长引脚为正极，短引脚为负极，如图 2-13 所示。

图 2-12 数标法

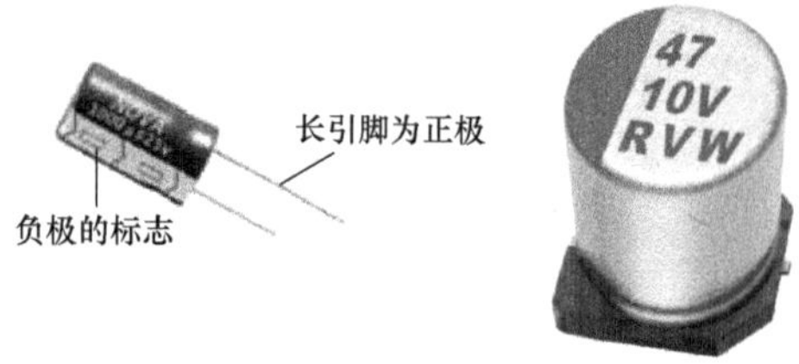

图 2-13 电解电容

1) 因为电解电容的容量较一般固定电容大得多，所以测量时应针对不同容量选用合适的量程。根据经验，一般情况下，1~47μF 的电容，可用万用表 R×1k 挡测量，大于 47μF 的电容可用万用表 R×100 挡测量。

2) 将万用表红表笔接负极，黑表笔接正极，在刚接触的瞬间，万用表指针即向右偏转较大幅度（对于同一电阻挡，容量越大，摆幅越大），接着逐渐向左回转，直到停在某一位置。此时的阻值便是电解电容的正向漏电阻，此值应略大于反向漏电阻。实际使用经验表明，电解电容的漏电阻一般应在几百千欧以上，否则，将不能正常工作。在测试中，若正向、反向均无充电的现象，即万用表表针不动，则说明容量消失或内部断路；如果所测阻值很小或为零，说明电容漏电大或已击穿损坏，不能再使用。

3) 对于正、负极标志不明的电解电容，可利用上述测量漏电阻的方法加以判别。即先任意测一下漏电阻，记住其大小，然后交换表笔再测出一个阻值。两次测量中阻值大的那一次便是正向接法，即黑表笔接的是正极，红表笔接的是负极。

4) 使用万用表电阻挡，采用给电解电容进行正向、反向充电的方法，根据指针向右摆动幅度的大小，可估测出电解电容的容量。

(3) 可变电容的检测

1) 用手轻轻旋动转轴，应感觉十分平滑，不应感觉到时松时紧甚至有卡滞现象。将转轴向前、后、上、下、左、右等各个方向推动时，不应有松动的现象。

2) 用一只手旋动转轴，另一只手轻摸动片组的外缘，不应感觉有任何松脱现象。转轴与动片之间接触不良的可变电容是不能再继续使用的。

3) 将万用表置于 R×10k 挡，一只手将两个表笔分别接可变电容的动片和定片的引出端，另一只手将转轴缓缓旋动几个来回，万用表指针都应在无穷大位置不动。在旋动转轴的过程中，如果指针有时指向零，说明动片和定片之间存在短路点；如果碰到某一角度，万用表读数不为无穷大而是出现一定阻值，说明可变电容动片与定片之间存在漏电现象。

2.2.3 电感器

1. 基本知识

电感器通常简称电感，用字母 *L* 表示。电感是将电能转换为磁能并储存起来的元件。电感的基本特性有：通低频、阻高频、通直流、阻交流。电感在电路中起耦合、滤波、缓冲、反馈、振荡、定时等作用。

电感可分为两大类：自感线圈或变压器、互感变压器。常见的电感如图 2-14 所示。

a) 自感线圈　　b) 互感变压器

图 2-14　电感

电感线圈有小型固定电感线圈、空心线圈、扼流圈及可变电感线圈等。

小型固定电感线圈是将线圈绕制在软磁铁氧体的基础上，然后再用环氧树脂或塑料封装起来的。小型固定电感线圈外形有立式和卧式两种，如图 2-15 所示。

图 2-15　立式固定电感线圈

图 2-16　空心线圈

空心线圈是用导线直接绕制在骨架上制成的。线圈内没有磁心或铁心，通常线圈匝数较少，电感量小，如图 2-16 所示。

扼流圈有低频扼流圈和高频扼流圈两种，如图 2-17 所示。低频扼流圈又称为滤波线圈，一般由铁心和绕组构成。高频扼流圈主要用于阻碍高频信号的通过。

可变电感线圈通过调节磁心在线圈内的位置改变电感量，如图 2-18 所示。

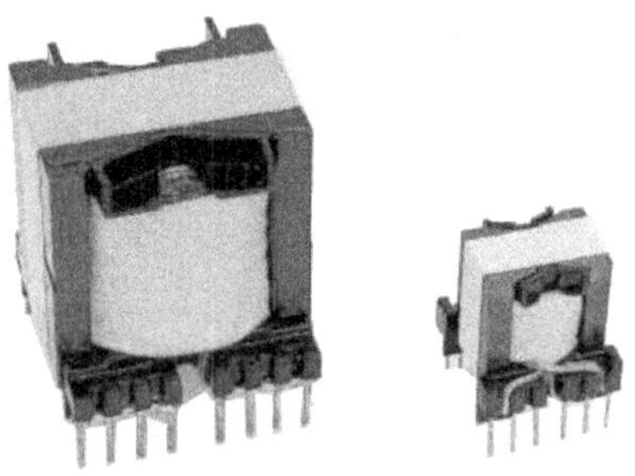

图 2-17　扼流圈

图 2-18　可变电感线圈

2. 电感的识别

（1）直标法

与电阻的直标法相似，是将电感的标称电感量用数字和文字符号直接标在电感上，如图 2-19 所示。电感量后面的字母表示偏差，偏差值与电阻相似。

（2）色标法

电感的色标法与电阻的色标法相似，是在电感表面涂上不同的色环来表示电感量，通常用 3 个或 4 个色环表示，如图 2-20 所示。识别色环时，紧靠电感体一端的色环为第一环，露出电感体本色较多的另一端为末环。

注意：此种方式的电感量默认单位为微亨（μH）。

图 2-19　直标法

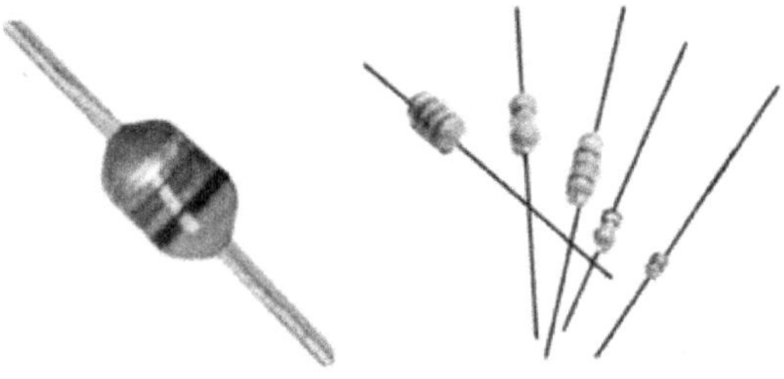

图 2-20　色标法

（3）文字符号法（见图 2-21）

采用文字符号法表示的电感通常是一些小功率电感，单位通常为 μH 或 nH。用 μH 作单位时，R 表示小数点；用 nH 作单位时，N 表示小数点。

3. 电感的检测

电感是否开路或局部短路，以及电感量的相对大小可以用万用表进行粗略检测和

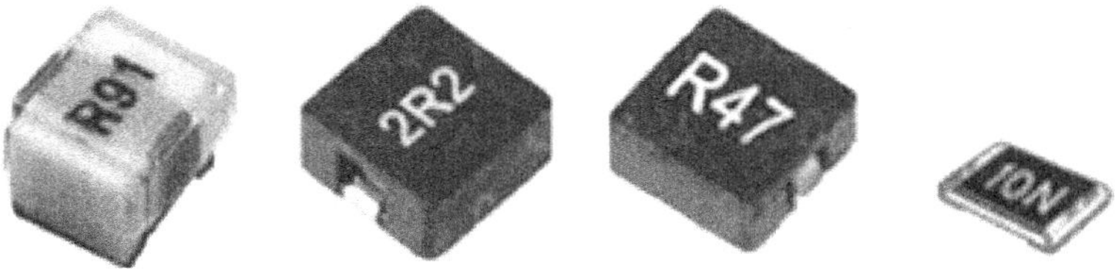

图 2-21　文字符号法

判断。

（1）自感线圈的检测

1）外观检查。检测自感线圈时，先进行外观检查，观察引脚有无折断，线圈是否松散、是否烧毁或外壳是否烧焦等现象。若有上述现象，则表明自感线圈已损坏。

2）万用表电阻检测法（见图 2-22）。自感线圈的直流电阻值一般很小，匝数多、线径细的线圈能达几十欧。若用万用表 R×1Ω 挡测量线圈的直流电阻，阻值为无穷大，则说明线圈已经开路损坏；若阻值比正常值小很多，则说明线圈局部短路；若阻值为零，则说明线圈完全短路。

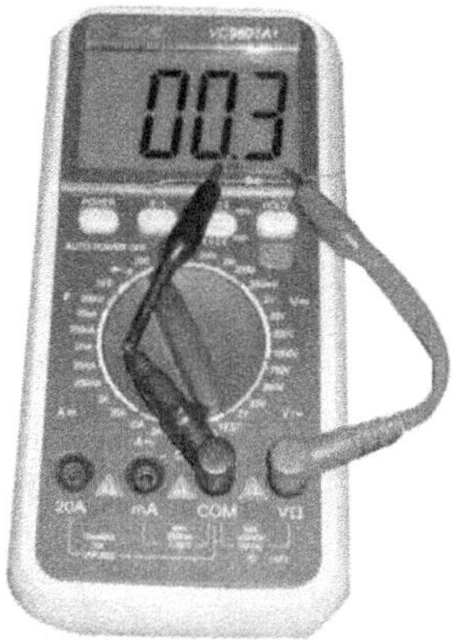

图 2-22　万用表检测自感线圈

（2）互感变压器的检测（见图 2-23）

1）气味判断法。在严重短路性损坏的情况下，互感变压器会冒烟，并产生烧焦气味。因此只要能闻到烧焦的气味，则表明互感变压器已烧毁。

2）外观检查。借助放大镜，仔细检查互感变压器的外观，观察其是否引脚短路、接触不良，包装是否损坏，骨架是否良好，铁心是否松动等。往往较明显的故障，从外观就可判断出来。

3）万用表检测性能。互感变压器的性能检测可用指针式万用表的 R×10kΩ 挡简易测量。分别测量互感变压器铁心与一次侧、一次侧与各二次侧、铁心与各二次侧、静电屏蔽侧与一次侧、二次侧各绕组间的电阻值，万用表的指针应在无穷大处不动，否则，说明互感变压器绝缘性能不良。

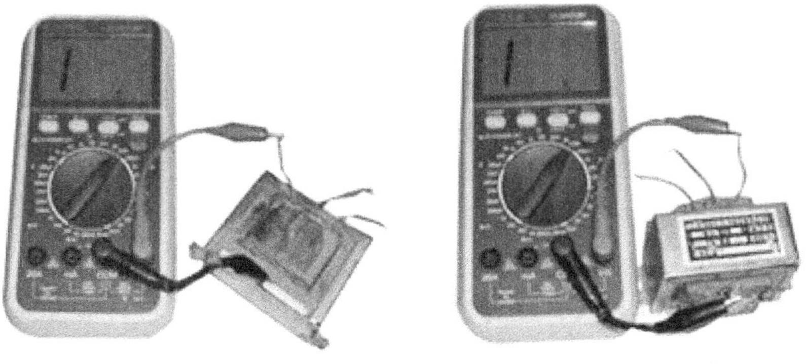

图 2-23　万用表检测互感变压器

2.2.4 半导体器件

1. 基本知识

半导体器件泛指一切以半导体材料为基础的单一器件，包括各种半导体材料制成的二极管、晶体管、场效应晶体管、晶闸管等。

本节主要介绍最为常用的二极管和晶体管。

二极管又称为晶体二极管，简称二极管（diode），它是一种具有单向传导电流作用的电子器件，如图 2-24 所示。此外，还有早期的真空电子二极管。在半导体二极管内部有一个 PN 结、两个引线端子，这种电子器件按照外加电压的方向，具备单向电流的传导性。根据其不同用途，可分为检波二极管、整流二极管、稳压二极管及开关二极管等。

晶体管如图 2-25 所示。在半导体锗或硅的单晶上制备两个能相互影响的 PN 结，组成一个 PNP（或 NPN）结构。中间的 N 区（或 P 区）称为基区，两边的区域分别称为发射区和集电区，这三部分各有一条电极引线，分别称为基极 B、发射极 E 和集电极 C。晶体管是一种起放大、振荡和开关等作用的半导体电子器件。

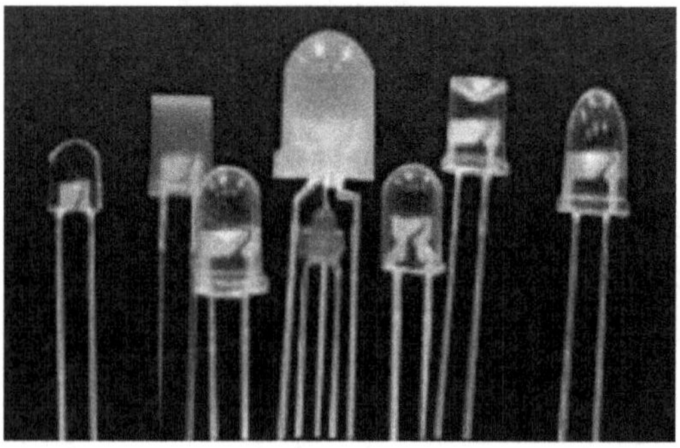

图 2-24 二极管

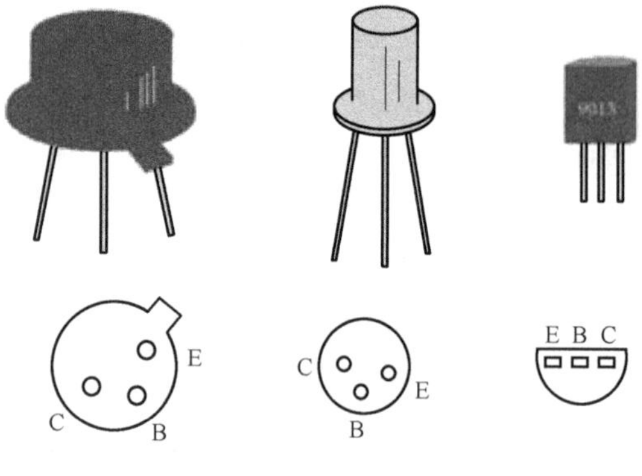

图 2-25 晶体管

2. 半导体器件的识别与检测

这里主要介绍二极管的识别与检测。二极管的电路符号如图 2-26 所示。

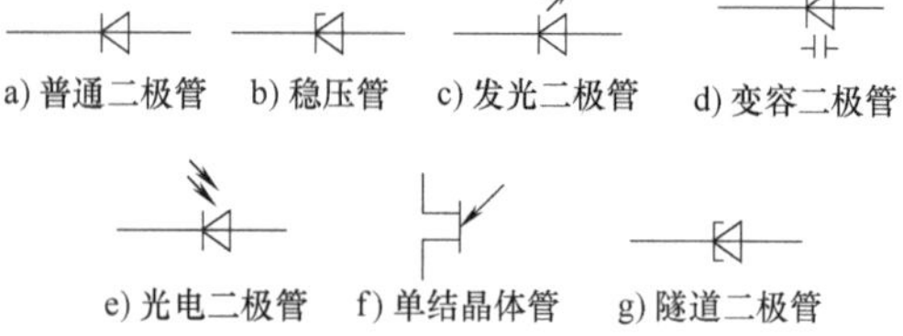

图 2-26 二极管的电路符号

根据二极管正向电阻小、反向电阻大的特点可判别二极管的极性。关键是搞清所用万用表两表笔对应的电池电压极性。若使用的是指针式万用表，则黑表笔（插入表上的“-”孔中）接的是表内电池的正极，红表笔（插入“+”孔中）是负极。若使用的是数字式万用表则相反，红表笔（插入 V. Ω 孔）是正极，黑表笔（插入 COM 孔）是负极。但应注意的是，数字万用表的电阻挡不能用来测量二极管，而应选用二极管挡。

1）用指针式万用表测试二极管。

① 普通二极管的测试。用万用表的红表笔接二极管的负极，黑表笔接二极管的正极，测得的是正向电阻；将红、黑表笔对调，测得的是反向电阻。对于锗小功率二极管，正向电阻一般为100~1000Ω；对于硅管，一般在几百到几千欧之间。反向电阻，无论是硅管还是锗管，一般都在几百千欧以上，且硅管比锗管大。由于二极管是非线性器件，用不同倍率的欧姆挡或不同灵敏度的万用表测量时，所得到的数据是不同的，但正、反向电阻相差几百倍的规律不变。测量时，要根据二极管的功率大小和种类选择不同倍率的欧姆挡。小功率二极管一般选用R×100或R×1k挡，中、大功率二极管一般选用R×1或R×10挡。

② 稳压管的测试。判断稳压管是否短路或损坏，可选用R×100挡。如果测得的正向电阻为无穷大，即表针不动时，说明二极管内部断路。如果反向电阻值接近0Ω，说明二极管内部击穿。如果二极管正、反向电阻相差太小，说明其性能变坏或失效。

③ 发光二极管的测试。发光二极管可用万用表R×10k挡测量其正、反向电阻，当正向电阻小于50kΩ，反向电阻大于200kΩ时，均为正常，若正、反向电阻均为无穷大，说明此管已损坏。

④ 普通二极管的极性判别。用万用表的R×1k或R×100挡测二极管的电阻值。如果阻值较小，表明为正向电阻，此时黑表笔所接触的一端为二极管的正极，红表笔所接触的端为二极管的负极。若所测的阻值很大，表明为反向电阻，此时黑表笔所接触的一端为二极管的负极，红表笔所接触的一端为二极管的正极。

2）用数字式万用表测量二极管（见图2-27）

① 极性判别。将数字式万用表置于二极管挡，红表笔插入“V.Ω”孔，黑表笔插入“COM”孔，这时红表笔接内电源正极，黑表笔接内电源负极。将两支表笔分别接触二极管的两个电极，如果显示溢出符号“1”，说明二极管处于截止状态；如果显示在1V以下，说明二极管处于正向导通状态，此时红表笔所接是二极管的正极，黑表笔所接是二极管的负极。

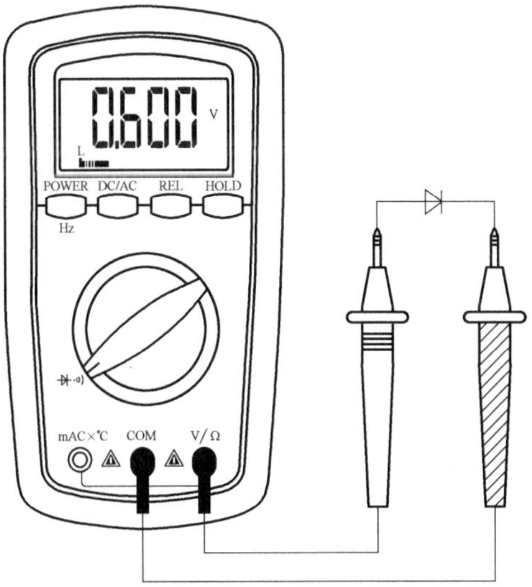

图2-27 用数字式万用表检测二极管

② 好坏判别。将数字式万用表置于二极管挡，红表笔插入“V.Ω”孔，黑表笔插入“COM”孔。当红表笔接二极管的正极，黑表笔接二极管的负极时，显示值在1V以下；当红表笔接二极管的负极，黑表笔接二极管的正极时，显示溢出符号“1”，说明被测二极管正常。若两次测量均显示溢出，说明二极管内部断路。若两次测量均显示“000”，说明二极管已击穿短路。

③ 硅管与锗管的判别。量程开关及表笔的插法同上，红表笔接二极管的正极，黑表

笔接二极管的负极，若显示电压为0.5~0.7V，说明被测二极管是硅管，若显示电压为0.1~0.3V，则说明被测二极管是锗管。

用数字式万用表测量二极管时，不宜用电阻挡测量，因为数字式万用表电阻挡所提供的电流太大，而二极管是非线性器件，其正、反向电阻与测试电流的大小有关，所以，用数字式万用表电阻挡测出来的电阻值与正常值相差极大。

2.2.5 集成电路

1. 基本知识

集成电路是一种微型电子器元件或部件，如图2-28所示。它是采用一定的工艺，把一个电路中所需的晶体管、二极管、电阻、电容和电感等元器件及布线互相连接在一起，制作在一小块或几小块半导体晶片或介质基片上，然后封装在一个管壳内，成为具有所需电路功能的微型结构。其中，所有元器件在结构上已组成一个整体，这使得电子元器件向着微小型化、低功耗和高可靠性方向迈进了一大步。集成电路的封装外壳有圆壳式、扁平式和双列直插式等多种形式。

图2-28　集成电路

集成电路在电路中用字母“IC”表示。当今半导体工业中大多数应用的是基于硅的集成电路。集成电路具有体积小、重量轻、引出线和焊接点少、寿命长、可靠性高、性能好等优点，同时成本低，便于大规模生产。

集成电路，按其功能、结构的不同，可以分为模拟集成电路、数字集成电路和数-模混合集成电路三大类。模拟集成电路又称为线性电路。用来产生、放大和处理各种模拟信号（指幅度随时间变化的信号，如半导体收音机的音频信号、录放机的磁带信号等），其输入信号和输出信号成比例关系。而数字集成电路用来产生、放大和处理各种数字信号（指在时间上和幅度上离散取值的信号，如智能手机、数码相机、计算机CPU、数字电视的逻辑控制和重放的音频信号和视频信号）。

2. 集成电路的识别

集成电路的封装材料及外形有多种，最常用的封装材料有塑料、陶瓷及金属3种。封装外形可分为圆形金属外壳封装（晶体管式封装）、陶瓷扁平或塑料外壳封装、双列直插式陶瓷或塑料封装、单列直插式封装等，如图2-29所示。

集成电路的引脚分别有3根、5根、7根、8根、10根、12根、14根、16根等多种，正确识别引脚排列顺序是很重要的，否则集成电路无法正确安装、调试与维修，以至于不能正常工作，甚至造成损坏。

集成电路的封装外形不同，其引脚排列顺序也不一样。

圆筒形和菱形金属壳封装的集成电路引脚识别（见图 2-30）：面向引脚（正视），由定位标记所对应的引脚开始，按顺时针方向依次数到底即可。常见的定位标记有凸耳、圆孔及引脚不均匀排列等。

图 2-29 集成电路分类

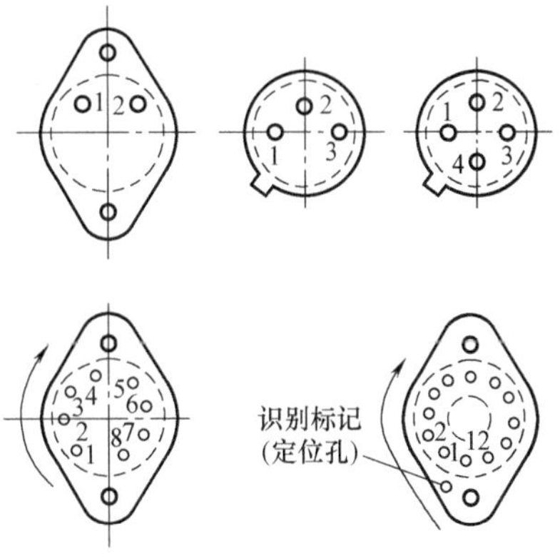

图 2-30 圆筒形和菱形金属壳封装的集成电路引脚识别

单列直插式集成电路引脚识别（见图 2-31）：使其引脚向下，面对型号或定位标记，自定位标记一侧的第一根引脚数起，依次为 1 脚、2 脚、3 脚、……此类集成电路上常用的定位标记为色点、凹坑、细条、色带、缺角等。

双列直插式或扁平式集成电路引脚识别（见图 2-32）：将其水平放置，引脚向下，即其型号、商标向上，定位标记在左边，从左下角第一根引脚数起，按逆时针方向，依次为 1 脚、2 脚、3 脚、……扁平式集成电路的引脚识别方向和双列直插式集成电路相同，例如，4 列扁平封装的微处理器集成电路的引脚排列顺序。

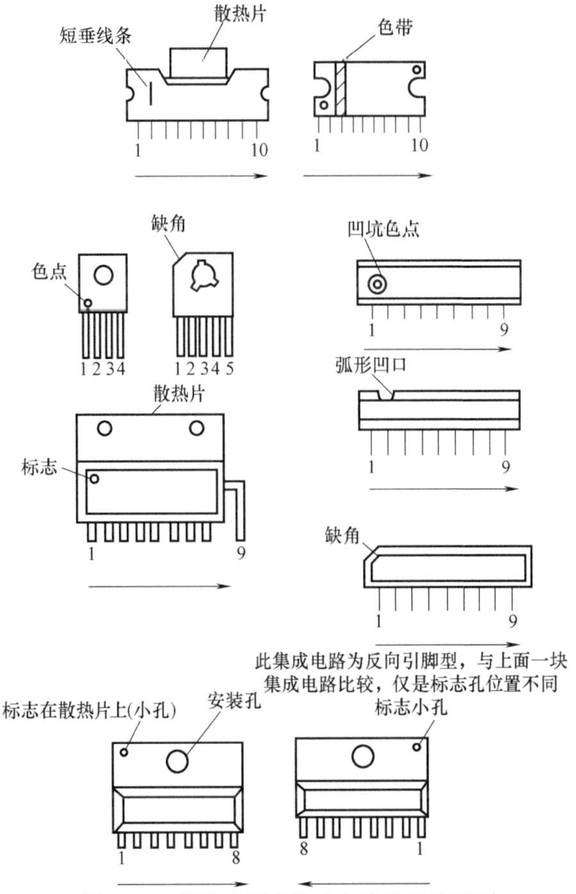

图 2-31 单列直插式集成电路的引脚识别

3. 集成电路的检测

对集成电路的质量检测一般分为非在路集成电路的检测和在路集成电路的检测。

（1）非在路集成电路的检测

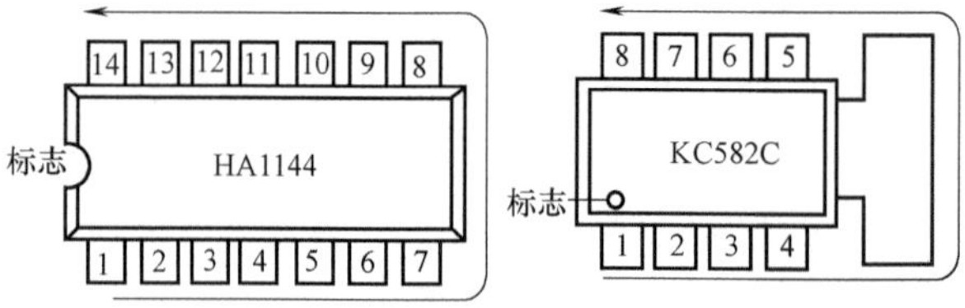

图 2-32　双列直插式或扁平式集成电路的引脚识别

非在路集成电路是指与实际电路完全断开的集成电路，即集成电路本身。为减少不应有的损失，在往印制电路板上焊接集成电路前应先对其进行测试，证明其性能良好，然后再进行焊接，这一点尤其重要。检测非在路集成电路好坏的方法是：按制造厂商给定的测试电路和条件逐项进行检测。而在一般性电子制作或维修过程中，较为常用的检测方法是：先在印制电路板的对应位置上焊接一个集成电路插座，在断电情况下将被测集成电路插上。通电后，若电路工作正常，说明该集成电路的性能是好的；反之，若电路工作不正常，说明该集成电路的性能不良或者已损坏。此方法的优点是准确、实用，但焊接的工作量大，往往受到客观条件的限制。检测非在路集成电路好坏比较简单的方法是：用万用表电阻挡测量集成电路各脚对地的正、负电阻值。具体方法如下：将万用表置于 R×1k、R×100 或 R×10 挡上，先将红表笔接集成电路的接地引脚，然后将黑表笔从第一根引脚开始，依次测出各脚相对应的阻值（正阻值）；再将黑表笔接集成电路的同一接地脚，用红表笔按以上方法与顺序测出另一电阻值（负阻值）。将测得的正、负阻值和标准值比较，从中发现问题。

（2）在路集成电路的检测

1）根据引脚在路阻值的变化判断集成电路的好坏。用万用表电阻挡测量集成电路各脚对地的正、负电阻值，然后与标准值进行比较，从中发现问题。

2）根据引脚电压变化判断集成电路的好坏。用万用表的直流电压挡依次测量在路集成电路各脚的对地电压，在集成电路供电电压符合规定的情况下，如有不符合标准电压值的引脚，再查其外围元器件，若无元器件损坏或失效，则可认定是集成电路的问题。

3）根据引脚波形变化判断集成电路的好坏。用示波器观测引脚的波形，并与标准波形进行比较，从中发现问题。

最后，还可以用同型号的集成电路进行替换试验，这是见效最快的方法，但拆焊较麻烦。

2.3　能力训练

2.3.1　电阻的识别与检测训练

1. 训练要求

1）能正确说出电阻阻值的标示方法。

2）能从电阻的外观正确判断出其阻值与误差。

3）会用万用表测量电阻阻值。

2. 训练器材与工具

1）不同标示方法的电阻各 5 个。

2）MF-47 型万用表 1 块。

3. 训练内容与步骤

1）正确识别电阻的阻值和误差。

2）用万用表测量电阻。

4. 训练报告与评价

将训练结果填入表 2-3 中。

表 2-3　训练报告

姓名		训练项目	
班级		训练时间	
作业流程			
遇到问题			
自我评价			
教师评价			
教师签字			

2.3.2　电容的识别与检测训练

1. 训练要求

1）能正确说出电容容量值的标示方法。

2）能从电容的外形正确判断出其电容量、误差、极性与材质。

3）会用万用表检测电容的性能。

2. 训练器材与工具

1）不同标示方法（材质）的电容各5个。

2）MF-47型万用表1块。

3. 训练内容与步骤

1）正确识别电容的电容量和误差。

2）用万用表检测电容。

4. 训练报告与评价

将训练结果填入表2-4中。

表2-4 训练报告

姓名		训练项目	
班级		训练时间	
作业流程			
遇到问题			
自我评价			
教师评价			
教师签字			

2.3.3 电感的识别与检测训练

1. 训练要求

1）能正确说出电感的电感量标示方法。

2）能从电感的外形正确判断出其电感量、误差或类别。

3）会用万用表检测电感的性能。

2. 训练器材与工具

1）不同标示方法的电感各 5 个。

2）MF-47 型万用表 1 块。

3. 训练内容与步骤

1）正确识别电感的电感量和误差。

2）用万用表检测电感。

4. 训练报告与评价

将训练结果填入表 2-5 中。

表 2-5　训练报告

姓名		训练项目	
班级		训练时间	
作业流程			
遇到问题 自我评价			
教师评价			
教师签字			

2.3.4　半导体器件的识别与检测训练

1. 训练要求

1）能正确说出半导体器件的类型。

2）能从半导体器件的外形正确判断出引脚极性。

3）会用万用表检测半导体器件。

2. 训练器材与工具

1）不同类型的二极管各 5 个。

2）MF-47 型万用表 1 块。

3. 训练内容与步骤

1）正确识别二极管的引脚极性。

2）用万用表检测二极管的性能。

4. 训练报告与评价

将训练结果填入表 2-6 中。

表 2-6 训练报告

姓名		训练项目	
班级		训练时间	
作业流程			
遇到问题			
自我评价			
教师评价			
教师签字			

2.3.5 集成电路的识别与检测训练

1. 训练要求

1）能正确说出集成电路的类型。

2）能从集成电路的外形判断其引脚顺序。

3）会用万用表检测集成电路。

2. 训练器材与工具

1）不同类型的集成电路各5个。

2）MF-47型万用表1块。

3. 训练内容与步骤

1）正确识别集成电路的引脚顺序。

2）用万用表检测集成电路。

4. 训练报告与评价

将训练结果填入表2-7中。

表2-7 训练报告

姓名		训练项目	
班级		训练时间	
作业流程			
遇到问题			
自我评价			
教师评价			
教师签字			

2.4 技能拓展

2.4.1 继电器的检测方法

继电器是一种电子控制器件，如图 2-33 所示。它通常应用于自动控制电路中，是用较小的电流去控制较大电流的一种“自动开关”，故在电路中起着自动调节、安全保护、转换电路等作用。

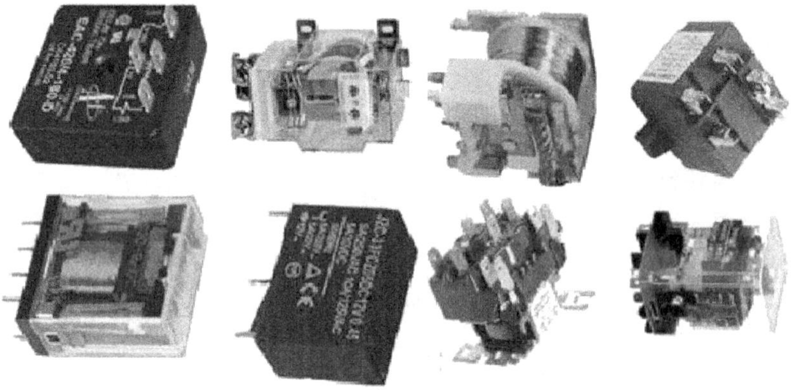

图 2-33 继电器实物

继电器内有一对动合、动断触点：继电器线圈未通电时处于断开状态的静触点，称为动合触点；处于接通状态的静触点称为动断触点。继电器一般有两路电路，分别为低压控制电路和高压工作电路。其内部结构示意图与电路符号如图 2-34 所示。

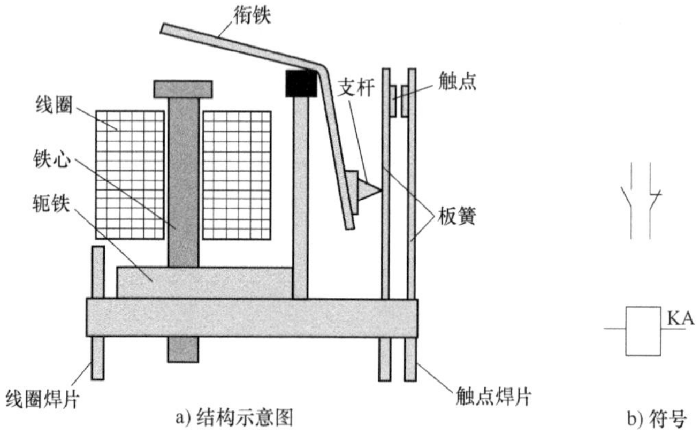

图 2-34 继电器内部结构示意图与电路符号

检测方法：

1）测触点电阻。用万用表的电阻挡测量动断触点与动触点之间的电阻，其阻值应为 0；而动合触点与动触点之间的阻值应为无穷大。由此可以区别出哪个是动断触点，哪个是动合触点。

2）测线圈电阻。可用万用表 R×10Ω 挡测量继电器线圈的阻值，从而判断该线圈是否存在开路现象。

3）测量吸合电压和吸合电流。用可调稳压电源，给继电器输入一组电压，且在供电回路中串入电流表进行监测。慢慢调高电源电压，听到继电器吸合声时，记下该吸合电压和吸合电流。为求准确，可以多试几次求取平均值。

2.4.2　晶闸管的检测方法

晶闸管俗称可控硅，如图 2-35 所示。它能在高电压、大电流的条件下工作，具有耐电压高、容量大、体积小等优点。它是大功率开关型半导体器件，广泛应用在电力、电子电路中。

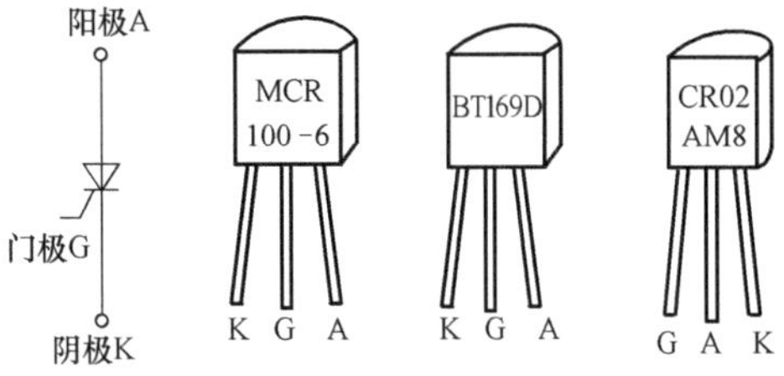

图 2-35　晶闸管符号与外形

晶闸管分单向晶闸管、双向晶闸管。单向晶闸管有阳极 A、阴极 K、门极 G 三个引出脚。双向晶闸管有第一阳极 A1（T1）、第二阳极 A2（T2）、门极 G 三个引出脚。

（1）单向晶闸管的检测

只有当单向晶闸管阳极 A 与阴极 K 之间加有正向电压，同时门极 G 与阴极 K 间加上所需的正向触发电压时，方可被触发导通。

将万用表置于 R×1Ω 挡，用红、黑两表笔分别测任意两引脚间正、反向电阻，直至找出读数为几十欧的一对引脚，此时黑表笔所接引脚为门极 G，红表笔所接引脚为阴极 K，另一空脚为阳极 A。将黑表笔接已判断好了的阳极 A，红表笔仍接阴极 K，万用表指针应不动。用短线瞬间短接阳极 A 和门极 G，万用表指针应向右偏转，阻值读数为 10Ω 左右。当阳极 A 接黑表笔，阴极 K 接红表笔时，万用表指针发生偏转，说明该单向晶闸管已击穿损坏。

（2）双向晶闸管的检测

将用万用表置于 R×1Ω 挡，用红、黑两表笔分别测任意两引脚间正、反向电阻，结果其中两组读数为无穷大。若一组为几十欧时，该组红、黑表笔所接的两引脚为第一阳极 A1 和门极 G，另一空脚即为第二阳极 A2。确定 A1、G 后，再仔细测量 A1、G 之间的正、反向电阻，读数相对较小的那次测量中黑表笔所接的引脚为第一阳极 A1，红表笔所接引脚为门极 G。将黑表笔接已确定好的第二阳极 A2，红表笔接第一阳极 A1，此时万用表指针不应发生偏转，阻值为无穷大。再用短接线将 A2、G 瞬间短接，给 G 加上正向触发电压，A2、A1 间阻值为 10Ω 左右。随后断开 A2、G 间的短接线，万用表读数应保持 10Ω 左右。互换红、黑表笔接线，红表笔接第二阳极 A2，黑表笔接第一阳极 A1。同样，万用表指针应不发生偏转，阻值为无穷大。用短接线将 A2、G 之间再次瞬间短接，给 G 加上负的触发电压，A1、A2 间的阻值也是 10Ω 左右。随后断开 A2、G 之间的短接线，万用表读数应不变，保持在 10Ω 左右。符合以上规律，说明被测双向晶闸管未损坏，且 3 个引脚极性判断正确。

任务3

零部件装配

3.1 任务介绍

本任务通过学习数字机顶盒的零部件装配过程，了解电子整机的零部件装配工艺流程。

本装配任务由静电防护技术、引脚成型、插件、丝印、贴片五部分组成。静电防护技术是电子产品生产必不可少的部分。在电子产品制造中，静电放电往往会损伤元器件，甚至使元器件失效，造成严重损失，因此生产中的静电防护非常重要。本任务介绍了生产中的一些静电防护技术基础与相应措施，供大家参考。

引脚成型是插件前的准备部分。在插件操作前，将引脚按照工艺文件要求进行相应处理。插件工艺是 THT（通孔插装技术）中最核心的部分，直接影响产品的生产质量和效率。

丝印、贴片工艺是 SMT（表面贴装技术）中最重要的两个工艺环节，随着电子技术的飞速发展和集成度的不断提高，越来越多的电子产品采用了此技术，目前电子生产的主流技术就是 SMT 技术。

图 3-1 为 SMT 装配车间，图 3-2 为 THT 装配车间。

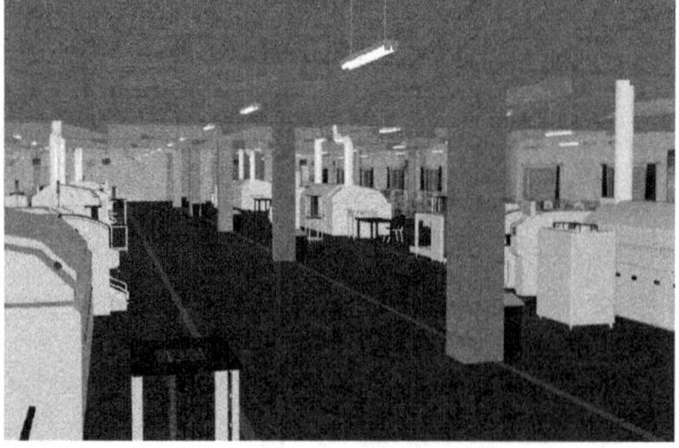

图 3-1　SMT 装配车间

图 3-2　THT 装配车间

3.2　知识链接

3.2.1　静电防护技术

在现代化电子工业生产中，一般情况下不产生静电是不可能的，但产生的静电本身并非危害所在，真正的危险在于静电聚积以及由此而产生的静电放电。随着科技的进步，超大规模集成电路和微型器件的大量生产和广泛应用，且由于集成度迅速提高，器件尺寸越来越小和芯片内部的栅氧化膜越来越薄，使器件承受静电放电的能力越来越低。因此，静电防护和静电泄放就变得尤为重要，如图 3-3 所示。

图 3-3　去除身体静电

1. 静电和静电的危害

静电是一种电能，它存留于物体表面，是正、负电荷在局部范围内失去平衡的结果，通过电子或离子的转换而形成。静电现象是电荷在产生和消失过程中产生的电现象的总称，如摩擦起电、人体起电等现象。

随着科技的发展，静电现象已在静电喷涂、静电纺织、静电分选、静电成像等领域得到了广泛而有效的应用。但是，静电的产生在许多领域也带来重大危害和损失。例如，在第一个阿波罗载入宇宙飞船中，由于静电放电（ESD）导致爆炸，使三名宇航员丧生；在火药制造过程中由于静电放电，造成爆炸伤亡的事故时有发生。

在电子工业中，随着集成度的越来越高，集成电路的内绝缘层越来越薄，互连导线宽度与间距越来越小。例如，CMOS 器件绝缘层的典型厚度约为 0.1μm，其相应耐击穿电压为 80~100V；VMOS 器件的绝缘层更薄，击穿电压为 30V。而在电子产品制造以及运输、存储等过程中所产生的静电电压远远超过 MOS 器件的击穿电压，往往会使器件产生硬击穿或软击穿（器件局部损伤）现象，从而使其失效或严重影响产品的可靠性。

为了控制和消除静电放电，美国、西欧和日本等发达国家和地区均制定了国家、军用和企业标准或规定。从静电敏感元器件的设计、制造、购买、入库、检验、仓储、装配、调试到半成品与成品的包装、运输等均有相应规定，对静电防护器材的制造使用和管理也有较严格的规章制度要求。我国也参照国际标准制定了军用和企业标准。例如，航天部、机电部、石油部等标准。

2. 静电敏感元器件

对静电反应敏感的元器件称为静电敏感元器件（Static Sensitive Device，SSD），如图 3-4 所示。静电敏感元器件主要指超大规模集成电路，特别是金属-氧化物半导体（MOS）电路。可根据 SSD 分级表，针对不同的 SSD，采取不同的静电防护措施。

SSD 运输、存储、使用要求：

1）SSD 运输过程中不得掉落在地，不得任意脱离包装。

2）存放 SSD 的库房相对湿度为 30%～40%RH。

3）SSD 存放过程中应保持原包装，若须更换包装，要使用具有防静电性能的容器。

4）库房里，在放置 SSD 的位置上应贴有防静电专用标签。

5）发放 SSD 时应用目测的方法，在 SSD 的原包装内清点数量。

图 3-4　静电敏感元器件

6）对 EPROM 进行写、擦及信息保护操作时，应将写入器/擦除器充分接地，要带防静电腕带。

7）装配、焊接、修板、调试等操作人员都必须严格按照静电防护要求进行操作。

8）测试、检验合格的印制电路板在封装前应使用离子喷枪喷射一次，以消除可能积聚的静电荷。

3. 电子产品制造中的静电源

1）人体的活动，人与衣服、鞋、袜等物体之间的摩擦、接触和分离等产生的静电是电子产品制造中主要静电源之一。人体静电是导致元器件产生硬（软）击穿的主要原因。人体活动产生的静电电压约为 0.5～2kV。另外，空气湿度对静电电压影响很大，若在干燥环境中还要上升 1 个数量级。

2）化纤或棉制工作服与工作台面、座椅摩擦时，可在服装表面产生 6000V 以上的静电电压，并使人体带电，此时与元器件接触时，会发生放电，从而损坏元器件。

3）橡胶或塑料鞋底的绝缘电阻高达 1013Ω，当与地面摩擦时会产生静电，并使人体带电。

4）树脂、漆膜、塑料膜封装的元器件放入包装中运输时，元器件表面与包装材料摩擦能产生几百伏的静电电压，对敏感元器件放电。

5）用 PP（聚丙烯），PE（聚乙烯），PPE（聚丙乙烯），PU（聚氨酯），PVC（聚氯乙烯）和聚酯、树脂等高分子材料制作的各种包装、料盒、周转箱、PCB 架等都可能因摩擦、冲击产生 1～3.5kV 的静电电压，对敏感元器件放电。

6）普通工作台面，受到摩擦会产生静电。

7）混凝土、打蜡抛光地板、橡胶板等绝缘地面的绝缘电阻较高，人体上的静电荷不易泄漏。

8）电子生产设备和工具方面：例如，电烙铁、波峰焊机、再流焊炉、贴装机、调试和检测等设备内的高压变压器、交/直流电路都会在设备上感应出静电荷。如果设备静电泄放措施不好，都会导致敏感元器件在制造过程中失效。烘箱内热空气循环流动与箱体摩擦、CO_2 低温箱冷却箱内的 CO_2 蒸气均可产生大量的静电荷。

4. 静电防护原理

电子产品制造中，静电防护的核心是“静电消除”。

1）对可能产生静电的地方要防止静电荷积聚。采取措施将其控制在安全范围内。

2）对已经存在的静电荷积聚即时释放。

5. 静电防护方法

1）使用防静电材料。金属是导体，因导体的泄放电流大，会损坏元器件，而绝缘材料容易摩擦起电，因此不能采用金属和绝缘材料作为防静电材料。通常应采用表面电阻率为 $1\times10^5\Omega\cdot cm$ 以下的静电导体，以及表面电阻率为 $1\times10^5\sim1\times10^8\Omega\cdot cm$ 的静电亚导体作为防静电材料。例如，常用的静电防护材料是在橡胶中混入导电炭黑来实现的，将表面电阻率控制在 $1\times10^6\Omega\cdot cm$ 以下。

2）泄漏与接地。对可能产生或已经产生静电的部位进行接地，为其提供静电释放通道。采用埋大地线的方法建立“独立”地线，使地线与大地之间的电阻小于 10Ω。

静电防护材料接地方法：将静电防护材料（如工作台面垫、地垫、防静电腕带等）通过 1MΩ 的电阻接到通向独立大地线的导体上。串接 1MΩ 电阻是为了确保对地泄放小于 5mA 的电流，称为软接地。设备外壳和静电屏蔽罩通常是直接接地，称为硬接地。

3）导体所带静电的消除。导体上的静电可以采用接地的方法使静电泄漏到大地。放电体的电压与释放时间可用下式表示：$U_T=\dfrac{U_0L}{RC}$。式中，U_T 为 T 时刻的电压（V）；U_0 为起始电压（V）；R 为等效电阻（Ω）；C 为导体等效电容（pF）；L 为等效电感（H）一般要求在 1s 内将静电泄漏。即 1s 内将电压降至 100V 以下的安全区。

这样可以防止静电泄漏速度过快、泄放电流过大对 SSD 造成损坏。若 $U_0=500V$，$C=200pF$，想在 1s 内使 U_T 达到 100V，则要求 $R=1.28\times10^9\Omega$。因此，静电防护系统中通常用 1MΩ 的限流电阻将泄放电流限制在 5mA 以下。这是为操作安全所设计的。如果操作人员在静电防护系统中不小心触到 220V 工业电压，也不会带来危险。

4）非导体所带静电的消除。对于绝缘体上的静电，由于电荷不能在绝缘体上流动，因此不能用接地的方法消除静电。此时，可采用以下措施：

① 使用离子风机——离子风机产生正、负离子，可以中和静电源的静电。可将离子风机设置在空间和贴装机贴片头附近。

② 使用静电消除剂——静电消除剂是一种表面活性剂。用静电消除剂擦洗仪器和物体表面，能消除物体表面静电。

③ 控制环境湿度——增加环境湿度可提高非导体材料的表面电导率，使物体表面不易积聚静电。例如，北方干燥环境可采取加湿通风的措施。

④ 采用静电屏蔽——对易产生静电的设备可采用屏蔽罩（笼），并将屏蔽罩（笼）有效接地。

5）工艺控制法。为了在电子产品制造中尽量少的产生静电，控制静电荷积聚，对已经存在的静电积聚迅速消除掉，应从厂房设计、设备安装、操作、管理制度等方面采取有效措施。

6. **静电防护器材**

1）人体防静电防护设备包括防静电腕带、工作服、工作帽、工作手套、工作鞋、工作袜等，如图 3-5 和图 3-6 所示。

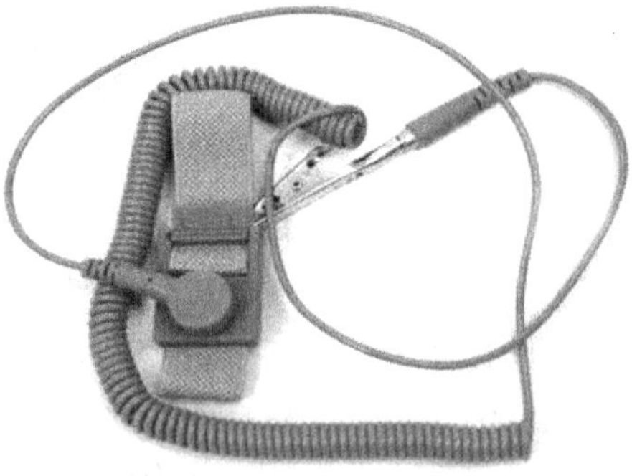

图 3-5 防静电腕带

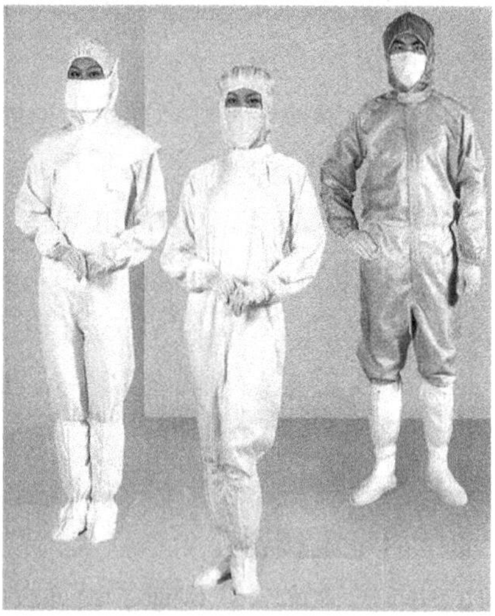

图 3-6 防静电工作服

2）防静电地面包括防静电水磨石地面、防静电橡胶地面、PVC 防静电地板、防静电地毯、防静电活动地板等。

3）防静电操作系列包括防静电工作台面垫、防静电包装袋、防静电物流小车、防静电烙铁及工具等。

图 3-7 静电测量仪器

7. **静电测量仪器**（见图 3-7）

1）静电场测试仪。用于测量台面、地面等表面电阻值。平面结构场合和非平面场合要选择不同规格的测量仪。

2）腕带测试仪。用于测量腕带是否有效。

3）人体静电测试仪。用于测量人体携带的静电量，人体双脚之间的阻抗，人体之间的静电差，腕带、接地插头、工作服等是否防护有效。还可以作为车间入口放电设备，把人体静电泄放在车间之外。

4）绝缘电阻表。用于测量所有导电型、抗静电型及静电泄放型表面阻抗或电阻。

电子产品制造中防静电技术指标要求：

1）防静电地极接地电阻小于 10Ω。

2）地面或地垫：表面电阻为 $1\times10^5\sim10^{10}\Omega$；摩擦电压小于 100V。

3）墙壁：电阻为 $5\times10^4\sim5\times10^9\Omega$。

4）工作台面或垫：表面电阻为 $1\times10^6\sim1\times10^9\Omega$；摩擦电压小于 100V；对地系统电

阻为 $1\times10^6\sim1\times10^8\Omega$。

5）工作椅面对脚轮电阻为 $1\times10^6\sim1\times10^8\Omega$。

6）工作服、工作帽、工作手套摩擦电压小于 300V；鞋底摩擦电压小于 100V。

7）腕带连接电缆电阻为 1MΩ；佩戴腕带时系统电阻为 1～10MΩ。鞋束（脚跟带）系统电阻为 $0.5\times10^5\sim0.5\times10^8\Omega$。

8）物流车台面对车轮系统电阻为 $1\times10^6\sim1\times10^9\Omega$。

9）料盒、周转箱、PCB 架等物流传递器具表面电阻为 $1\times10^3\sim1\times10^8\Omega$；摩擦电压小于 100V。

10）包装袋、盒摩擦电压小于 100V。

11）人体综合电阻为 $1\times10^6\sim1\times10^8\Omega$。

8. 电子产品制造中防静电措施及静电作业区（点）的一般要求

SMT 生产设备必须接地良好，贴装机应采用三相五线制接地法并独立接地。生产场所的地面、工作台面垫、座椅等均应符合防静电要求。车间内保持恒温、恒湿的环境。应配备防静电料盒、周转箱、PCB 架、物流小车、防静电包装袋、防静电腕带、防静电烙铁及工具等设施。

1）根据防静电要求设置防静电区域，并有明显的防静电警示标志。按作业区所使用元器件的静电敏感程度分成 1、2、3 级，根据不同级别制订不同的防护措施。

1 级静电敏感程度范围：0～1999V。

2 级静电敏感程度范围：2000～3999V。

3 级静电敏感程度范围：4000～15999V。

16000V 以上是非静电敏感程度产品。

2）静电安全区的室温为（23±3）℃，相对湿度为 45%～70%RH。禁止在湿度低于 30%RH 的环境内操作 SSD。

3）定期测量地面、桌面、周转箱等表面电阻值。

4）静电安全区（点）的工作台上禁止放置非生产物品，如餐具、茶具、提包、毛织物、报纸、橡胶手套等。

5）工作人员进入防静电区域前，需放电。操作人员进行操作时，必须穿工作服和防静电鞋、袜。每次上岗操作前必须做静电防护安全性检查，合格后才能进行生产。

6）操作时要戴防静电腕带，每天测量腕带是否有效。

7）测试 SSD 时应从包装盒、管、盘中取一块，测一块，放一块，不要堆在桌子上。经测试不合格的元器件应退库。

8）加电测试时必须遵循加电和去电顺序。加电以低电压⟶高电压⟶信号电压的顺序进行。去电顺序与此相反。同时注意电源极性不可颠倒，电源电压不得超过额定值。

9）检验人员应熟悉 SSD 的型号、品种、测试知识，了解静电保护的基本知识。

9. 防静电工作区的管理与维护

1）制订防静电管理制度，并由专人负责。

2）预留防静电工作服、鞋、腕带等个人用品，以备外来人员使用。

3）定期维护、检查防静电设施的有效性。

4）腕带每周（或天）检查一次。

5）桌垫、地垫的接地性、静电消除器的性能每月检查一次。

6）防静电元器件架、PCB 架、周转箱、运输车、桌垫、地垫的防静电性能每六个月检查一次。

3.2.2 引脚成型

在电子产品装配中，电子元器件和零部件都要安装在印制电路板上，为了便于安装和焊接，使元器件在印制电路板上排列整齐、美观，提高装配质量、效率和可靠性，元器件引脚成型是不可缺少的加工工序引脚成型机如图 3-8 所示。

图 3-8 引脚成型机

（1）预加工的重要性

电子产品装配过程中各个环节之间是密切联系的，与整机装配最密切相关的是预加工。例如，电子产品装配中对所需要的各种元器件、导线、零部件等进行预加工和清洁处理，是顺利完成电子产品装配的重要保障。许多大型电子产品的总装配以及大量流水线作业的电子产品装配，都需要以准备工序的完成作为其基础。

预加工的质量对整机总装配的质量有着直接的影响。预加工的质量直接影响到电子产品的质量。

（2）预加工的特点

预加工具有广泛性、多样性、周期性等特点。目前，电子产品装配中的预加工项目内容，涉及各种家电产品、智能家电和通信设备等。例如，液晶电视机、手机、家庭影院、计算机等，这些产品的装配都包含预加工和清洁处理，并以此为基础。预加工一般包括导线的加工、元器件的引脚成型加工、组合件加工、打印标记、元器件老化筛选、电参数配对等。预加工周期的开始和结束是由整机装配的要求决定的。特别是在流水线作业时，对预加工的周期要求更严格。

（3）基本原则和因素

1）预加工的基本原则。根据预加工的特点以及装配的各种实际因素，按照提高产品质量、满足加工周期的需要、提高劳动效率和保障安全生产的原则来确定预加工的内容。

2）因素。预加工的内容要根据产品的类型、生产组织的形式来确定。要对产品的多种因素进行综合、平衡、比较、择优等。而确定预加工的常见因素有产品的复杂程度、设备的条件、人员素质、生产管理水平、效率因素等。

总之，预加工的原则最终都应该在装配中得到合理、科学、实际的反映。

（4）成型与切脚的一般要求

成型与切脚工具（设备）使用前应保持清洁，以防止残留的污垢、油脂及其他杂质对元器件引脚产生污染。

对静电敏感元器件成型与切脚时，必须在防静电工作台上进行操作，同时操作人员应穿防静电工作服、戴工作帽和穿工作鞋，并佩戴防静电腕带，禁止裸手直接接触元器件引脚。

在成型与切脚过程中，工具和设备应可靠接地，静电敏感元器件弯曲成型时应使用金属夹具。

使用模具成型时，夹具与引脚的接触面应光滑、平整，以免损伤引脚镀层。

引脚成型、剪切过程中，禁止扭转和沿轴向拉伸引脚，以避免损坏元器件内部引线或封装根部。

操作人员在成型与切脚过程中中途离开，应暂停成型与切脚工作；当再次成型与切脚时，要重新进行成型与切脚试验。

若成型与切脚过程中有不当的设备移动、设备部件松动或撞击等可能影响成型与切脚参数的行为，必须重新进行成型与切脚试验。

成型与切脚后的元器件要放入封闭器具内，例如，屉式元器件盒。静电敏感元器件应放置在防静电容器内。

元器件必须按照焊盘间距进行弯曲成型，弯曲应基本对称，保证元器件安装后标识明显可见，如图 3-9 所示。特殊情况下，标识外露的优先顺序为极性、数值、型号。

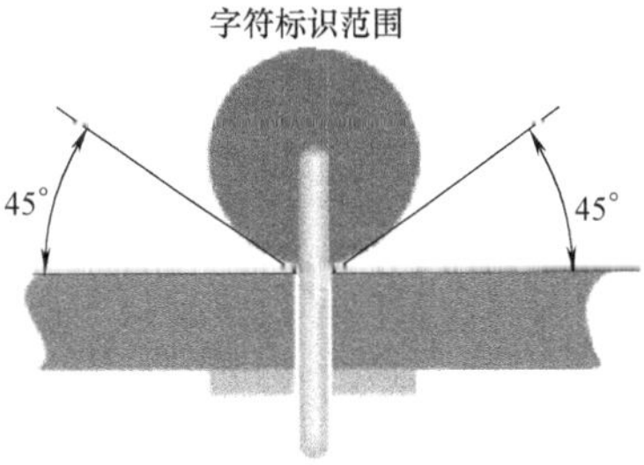

图 3-9 元器件标识朝向范围示意图

弯曲引脚时，弯曲的角度不能超过最终成型的弯曲角度。

引脚弯曲应一次成型，不能反复弯曲。

对扁平形状的引脚不能进行横向弯曲。

淬火引脚不能弯曲成型，如继电器、电连接器等元器件引脚。

元器件引脚成型中，对有极性元器件，如电解电容、二极管、晶体管，注意引脚极性与成型方向之间的关系，切勿弄反方向。

若使用短插工艺，则成型后的尺寸应符合元器件插装后的引脚伸出长度要求。

元器件引脚无论采用手工或机械成型，均不能有超过引脚直径或厚度 10% 的明显的刻痕或夹伤，也不能有引脚基材外露的情况（元器件引脚切脚时的断面除外）。

（5）引脚末端折弯要求

引脚应沿着焊盘最长尺寸方向或沿与焊盘相连的印制导线方向折弯，如图 3-10 所示。

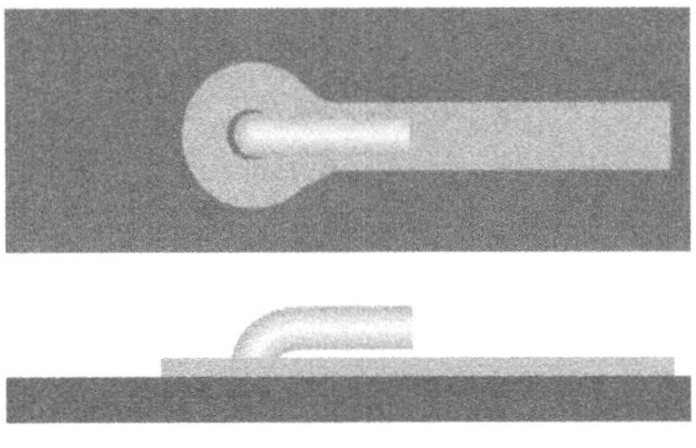
图 3-10 引脚折弯方向

双列直插式封装（后文简称为 DIP）元器件应该至少有两个对角线上的引脚沿元器件体的纵轴向外折弯。

直径或厚度大于 1. 3mm 的引脚，以及淬火引脚（如继电器、电连接器等）都不应使用折弯进行固定。

通孔插装元器件引脚可以部分折弯，与印制电路板板面垂线有 15°~75°的夹角，用在焊接操作中固定组件，如图 3-11a 所示。

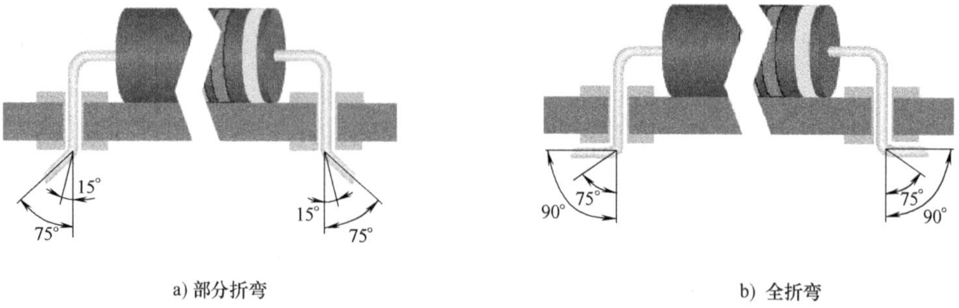

图 3-11　引脚折弯

当元器件过轻，以致部分折弯不能满足后续焊接时的机械固定，可采用全折弯；全折弯的元器件引脚与印制电路板板面垂线的夹角为 75°~90°，如图 3-11b 所示。

非支撑孔中的引脚折弯为 45°~90°，以保证在焊接中充分起到机械固定作用。

（6）引脚末端凸出要求

支撑孔中的元器件引脚，其伸出长度 *L* 至少要能使钎料中的引脚末端可辨识，*L* 最大值为 1. 5mm，如图 3-12 所示。

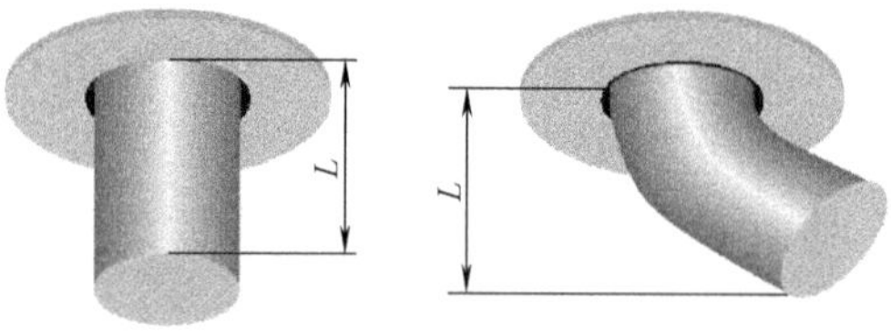

图 3-12　引脚伸出长度

非支撑孔中的元器件引脚，其伸出长度 *L* 至少要能使引脚足够折弯，*L* 最大值要满足最小电气间隙。

对于板厚 *H* 大于 2. 3mm 的印制电路板，如果使用固定引脚长度的元器件，如 DIP、插座、连接器，作为最小的元器件引脚支撑肩需与印制板板面平齐，但是在后续焊接中允许引脚末端不在镀通孔中凸出，但至少与板面平齐，如图 3-13 所示。

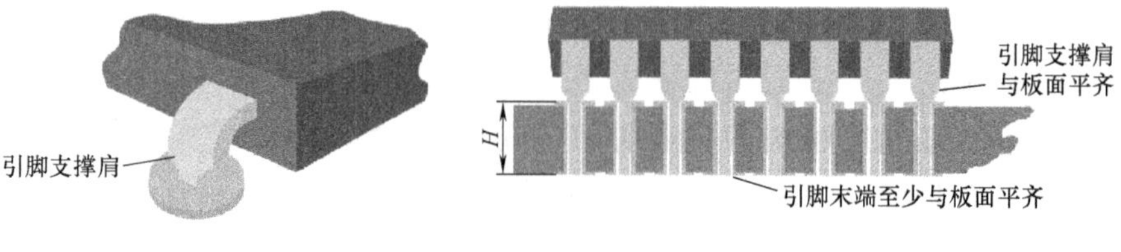

图 3-13　板厚 $H>2.3$mm 时，元器件的支撑肩与引脚伸出要求

（7）轴向引脚元器件要求

引脚从本体两端引出的元器件，称为轴向引脚元器件。水平安装轴向引脚元器件的

引脚成型，元器件引脚的延伸尽量与元器件本体的轴线平行，弯曲引脚与板面垂直，垂直度误差不大于10°，如图3-14所示。

引脚从根部到弯曲点或从熔接点到弯曲点之间的距离L，至少相当于一倍引脚的直径或厚度，但不小于0.8mm，如图3-15所示。

图3-14 引脚成型垂直度误差

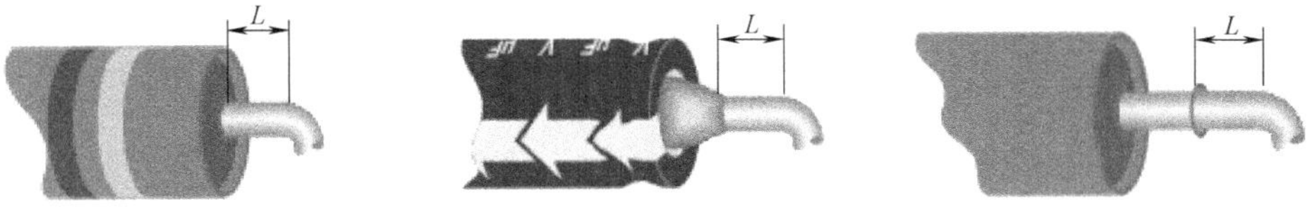

a) 元器件本体测量　b) 从焊料球测量　c) 从熔接缝测量

图3-15 引脚弯曲保留长度L

当元器件为小型玻璃封装并采用一般成型时，L_1、L_2最小值为2mm，如图3-16所示。

元器件引脚直径D、厚度T以及内侧弯曲半径R如图3-17所示。根据引脚直径或厚度的不同，最小内侧弯曲半径的要求见表3-1。

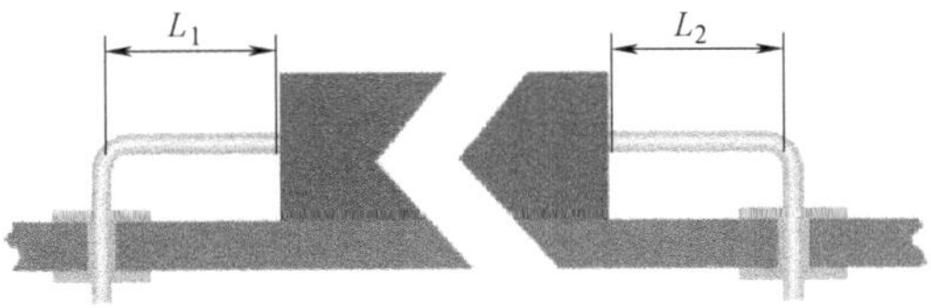

图3-16 小型玻璃封装保留长度L（L_1、L_2）≥2mm

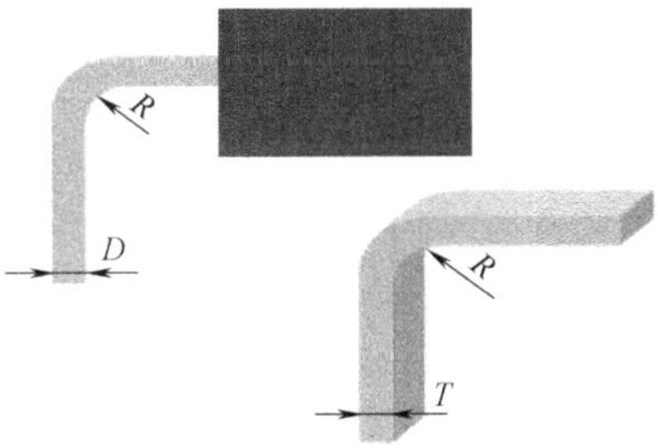

图3-17 引脚直径D、厚度T、内侧弯曲半径R

表3-1 最小内侧弯曲半径

引脚的直径D或厚度T	最小内侧弯曲半径R
小于0.8mm(0.031in,1in=25.4mm)	1×直径/厚度
0.8~1.2mm(0.031~0.0472in)	1.5×直径/厚度
大于1.2mm(0.0472in)	2×直径/厚度

元器件紧贴印制电路板安装时，本体与板面间最大允许间距h为0.5mm，如图3-18所示。

a) 板未折弯　b) 贴板紧锁式折弯

图3-18 元器件贴板安装

特殊引脚弯曲：

对功率大于 2W 的散热元器件进行架高处理，要保证元器件的本体距印制电路板板面距离大于 1.5mm；在靠近印制电路板板面安装的散热元器件的引脚可参照图 3-19 进行成型。在非支撑孔安装时，必须按图 3-19b、图 3-19c 所示的方法在靠近板面部位进行折弯处理。

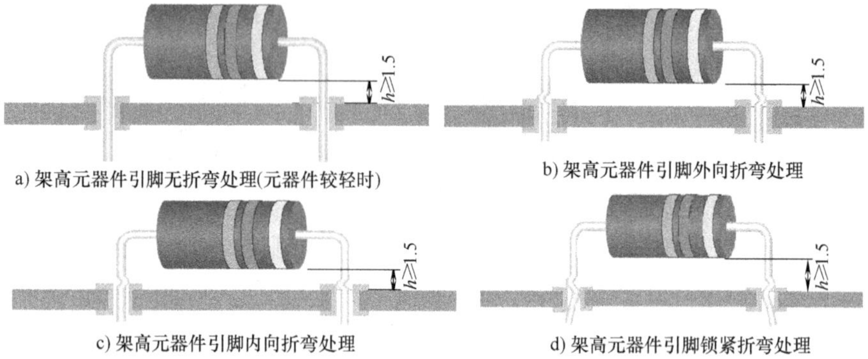

a) 架高元器件引脚无折弯处理(元器件较轻时)　b) 架高元器件引脚外向折弯处理

c) 架高元器件引脚内向折弯处理　d) 架高元器件引脚锁紧折弯处理

图 3-19　元器件的架高处理

（8）径向引脚元器件要求

元器件的两个或多个引脚从同一方向伸出，称为径向元器件。

引脚间距与安装孔距不等时，应利用限位装置达到机械支撑或元器件重量补偿的径向元器件的成型，如图 3-20 所示。

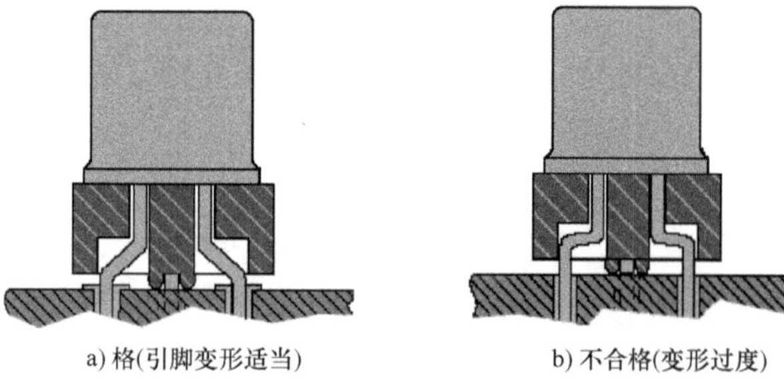

a) 格(引脚变形适当)　b) 不合格(变形过度)

图 3-20　带限位装置

引脚间距小于安装孔距，需要弯曲时，引脚根部到弯曲点距离 $B \geqslant 2D$（D 为引脚直径），且不小于 0.8mm；最小弯曲半径 R 应符合表 3-1 的规定。

由于安装空间、安装难度及散热等要求，元器件需要侧装时，引脚成型应满足如下要求：径向引脚元器件侧装引脚成型，最小弯曲半径 R 为引脚的直径 D，但至少为 0.8mm，最大弯曲半径为 $3D$，如图 3-21 所示。

多引脚径向元器件侧面成型如图 3-22 所示。

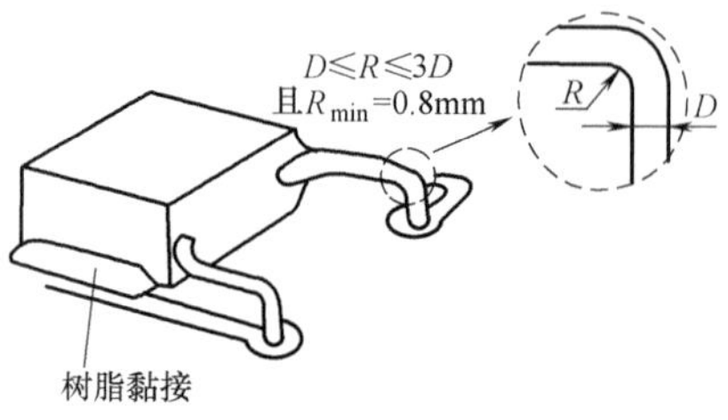

图 3-21　元器件侧装

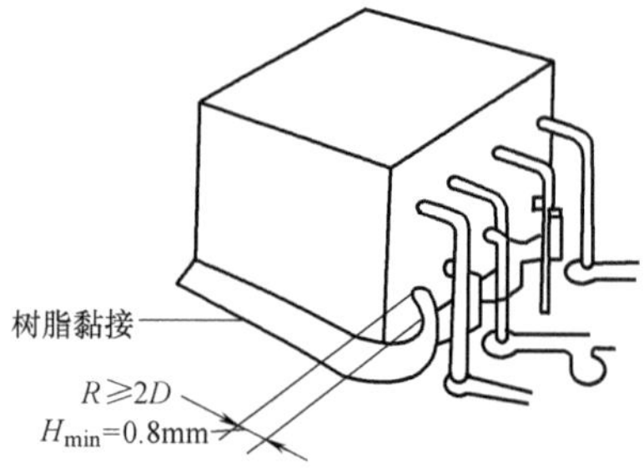

图 3-22　多引脚径向元器件侧面成型

（9）工具、设备及其要求

1）工具、设备的一般要求。各种成型、切脚工具（变形器、变形钳、架高钳、自动成形机等）必须有检定合格证明，确保性能稳定可靠，便于操作与维修。

各种成型、切脚工具，自动成型设备的模具、测量仪器和基准必须进行编号，并定期校准，使其具有可追溯性。

应定期检查、维护自动成型设备夹具端口和刀具的刃口磨损情况，保证其不影响元器件的成型与切脚质量。

2）工具、设备的工艺要求。

① 折弯头：架高钳、弯钩钳的折弯头必须为圆弧形，且要满足一定的折弯半径。

② 伸出长度：架高钳折弯剪切后的引脚伸出长度应满足印制电路板插装后的伸出要求。

③ 跨距：成型钳、成型机的跨距调节要满足设计以及引脚弯曲尺寸的要求。

④ 弯曲角度：成型钳、成型机要满足元器件最小内弯半径和垂直度误差的要求。

⑤ 切脚：元器件切脚工装必须满足元器件引脚伸出长度的要求。

⑥ 接触面：元器件成型工具或模具与元器件引脚接触的表面必须光滑、无划痕。

（10）质量要求

1）成型与切脚前的自检。

① 检查元器件成型与切脚的要求是否符合设计文件、工艺规范要求。

② 元器件成型与切脚的方式和工具选择是否合适。

③ 是否对敏感性元器件设有有效的防护措施。

2）首件成型与切脚试验的自检。

① 试验检查方法。

a）以合格的成型样品作为判断依据。

b）以目检辅助工具（标准平台、放大镜、卡尺等）作为判断依据。

② 试验检查项。

a）成型长度。

b）成型的内弯半径。

c）成型的垂直度误差。

d）成型元器件的扭曲状况。

e）成型元器件的切脚长度。

f）成型元器件的中心偏差。

g）成型元器件的损伤检查。

h）批量成型与切脚的自检。

i）成型与切脚方式是否和成型与切脚明细表要求一致。

j）成型与切脚操作是否符合工具或设备的使用说明。

每100只成型与切脚的元器件，需随机抽取5只，根据试验检查项进行检验。

③ 批量成型与切脚后的检查。

a）质检人员随机抽取同一批次中 10 只成型与切脚后的元器件，根据试验检查项进行检验，并记录其成型与切脚质量。

b）质检人员检查成型与切脚后的元器件存放是否合理。

c）质检人员检查元器件成型与切脚工具和设备的维护以及存放是否合理。

④ 典型质量问题。元器件成型与切脚过程中，由于工作人员操作不当、工具不符合要求等原因造成的元器件损伤，大致有以下几种情况，见表 3-2。

表 3-2　典型质量问题

元器件损伤	不合格示意图
元器件成型内弯半径不符合要求	
元器件引脚的延伸部分与本体轴线不平行	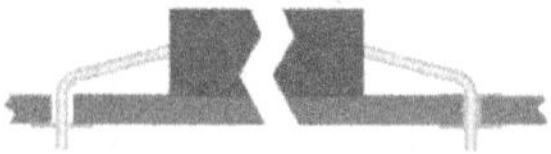
元器件的切脚长度与要求不符	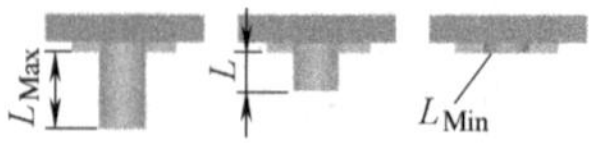
元器件的引脚与本体轴线平行的延伸部分太短	
元器件引脚反复折弯	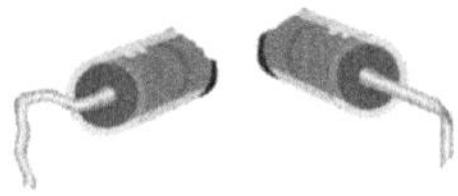
元器件本体产生裂纹和缺口	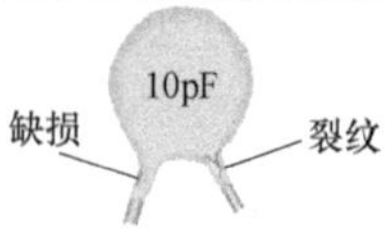
元器件引脚上有体积大于 10%的划痕	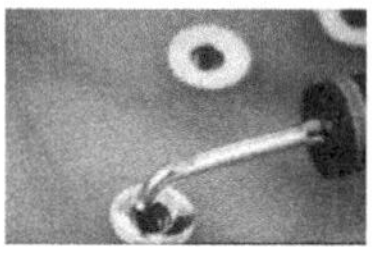
元器件引脚上有夹伤	
元器件的引脚产生扭曲变形	
元器件的要求折弯处，折弯半径太小	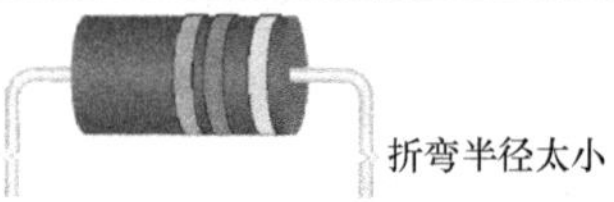

⑤ 质量记录。

a）生产车间要保存成型、切脚工具及设备的日常检验记录，期限为1年。

b）生产车间要保存成型、切脚工具及设备的使用记录。记录信息包括：成型与切脚元器件的名称、型号、数量、废品数、成型日期、批次以及成型操作人员的信息。

c）检验部门要根据本规程制定相应的元器件成型与切脚质量记录表，并保存质量记录，保存期限为1年。

3.2.3 插件

1. 元器件插装技术

电子元器件插装通常是指将元器件的引线插入印制电路板上相应的安装孔内，分为手工插装和自动插装两种。

1）手工插装。手工插装多用于科研或小批量生产，有两种方法：一种是一块印制电路板所需的全部元器件由一人负责插装；另一种是采用传送带的方式多人流水作业完成插装。

2）自动插装。自动插装是采用自动插装机完成插装。根据印制电路板上元器件的位置，由事先编制出的相应程序控制自动插装机插装，插装机的插件夹具有自动折弯机构，能将插入的元器件牢固地固定在印制电路板上，提高了印制电路板的焊接强度。自动插装机消除了可能由手工插装所带来的误插、漏插等差错，保证了产品的质量，提高了生产效率。

2. 元器件插装方式

元器件插装方式有直立式、俯卧式、混合式等，如图3-23所示。

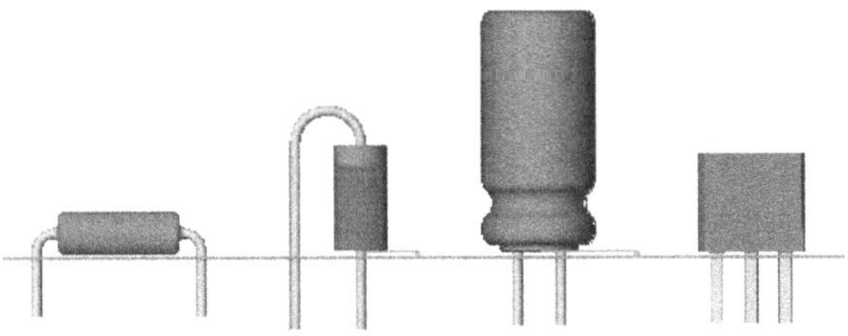

图3-23 元器件插装方式

3. 元器件插装原则（见表3-3）

1）插装元器件应使其标记和色码朝上，以便于辨认。

2）有极性的元器件根据其极性标记方向决定插装方向。

3）插装顺序应该先轻后重、先里后外、先低后高。

4）应注意元器件间的距离。印制电路板上元器件的距离不能小于1mm；引线间隔要大于2mm，对于有可能相互接触到的元器件，其引线要套绝缘套管。

5）对于较大、较重的特殊元器件，如大电解电容、变压器、阻流圈、磁棒等，插装时必须用金属固定件或固定架加强固定。

表 3-3　元器件的插装原则及标准

元器件	种类及外形	插装要求	说　明
集成电路 IC		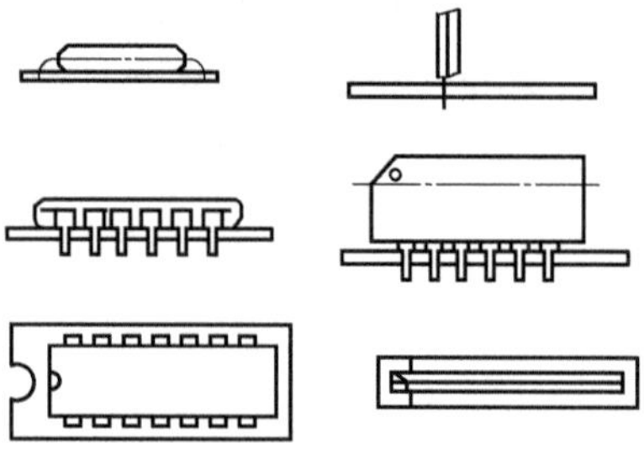	完全插贴 PCB
组件	行输出变压器		完全插贴 PCB,并且使卡扣完全卡入 PCB 卡槽
	高频头		完全插贴 PCB,固定脚对角折弯紧固,与 PCB 相垂直
	中频板、音效板、图文板、立体声板等组件		完全插贴 PCB 并且使其与 PCB 相垂直
中频变压器	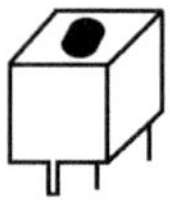	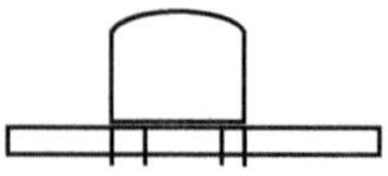	完全插贴 PCB
声表面滤波器	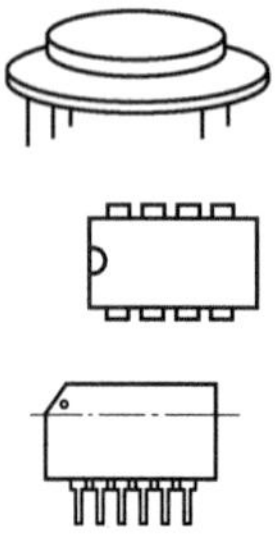	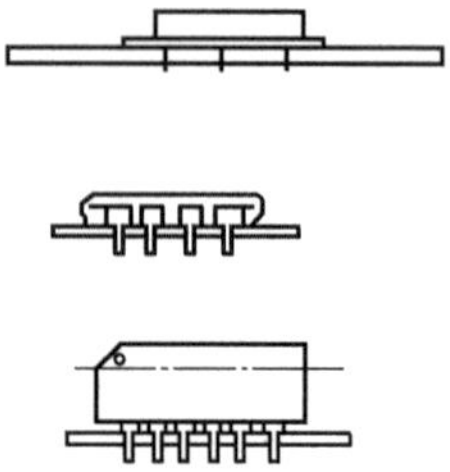	完全插贴 PCB
晶体振荡器		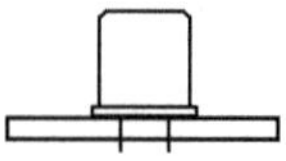	完全插贴 PCB
插座 P		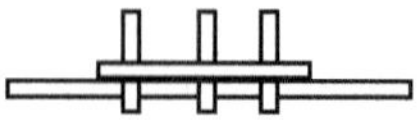	完全插贴 PCB
短路飞线 J		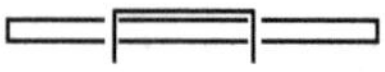	完全插贴 PCB

（续）

元器件	种类及外形	插装要求	说　明
电阻	1/2W　1/4W　1/6W	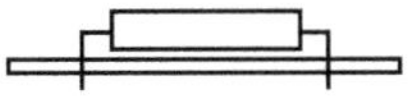	电阻平贴 PCB
	1W	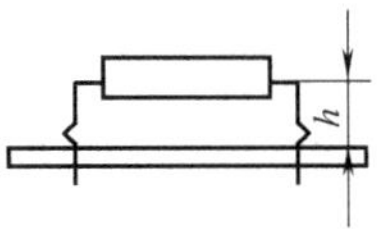	预先成型：$h=(7\pm2)$mm
	2W　3W		预先成型：$h=(12\pm2)$mm
	4W 以上	散热套管 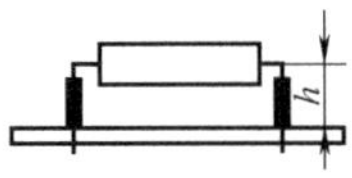	预先成型：$h\geqslant15$mm 注意：散热套管的上部必须夹紧以保证良好的散热效果
二极管	无磁环	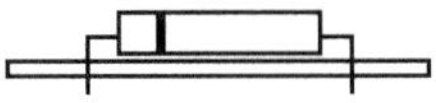	二极管要平贴 PCB，极性正确
	有磁环	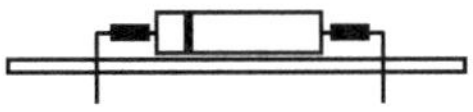	磁环尽可能靠近二极管，极性正确 （当跨距足够大时，优先采用此种方法）
		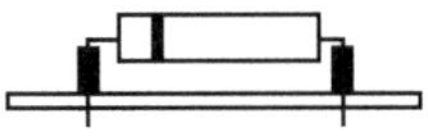	高度由瓷环的高度决定，极性正确 （当二极管需要散热时，应采用此种方法）
磁介电容、涤纶电容、陶瓷滤波器	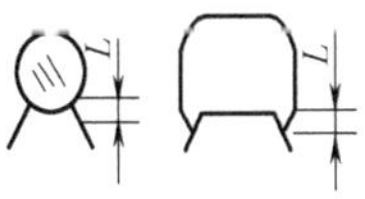	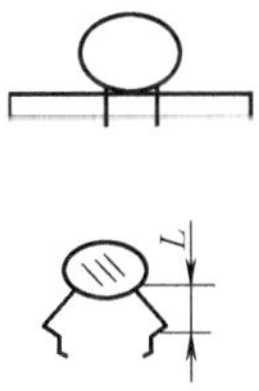	$L<1.5$mm 时，紧贴 PCB；$L>1.5$mm 时，要预先成型
电解电容	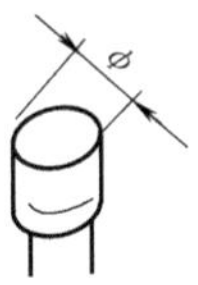	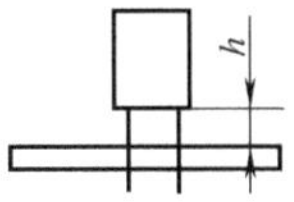 （注意极性）	$\phi<16$mm 时，$h<0.5$mm；$\phi>16$mm 时，完全插贴 PCB
电位器	滑动电位器 带柄电位器 半可变电位器		完全插贴 PCB
开关	拨动开关 按钮 微动开关	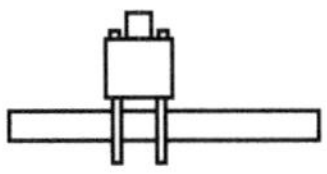	完全插贴 PCB

（续）

元器件	种类及外形	插装要求	说　明
晶体管	小功率塑封晶体管	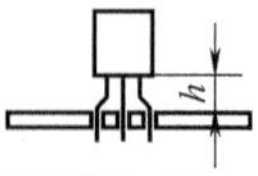	安全插贴 PCB
	大功率晶体管	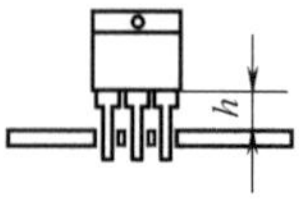	
	大功率（带散热片）晶体管	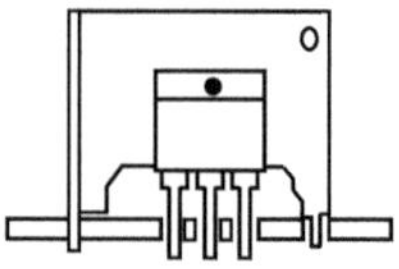	
电感		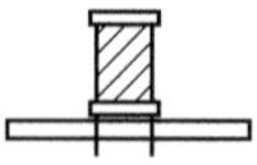	完全插贴 PCB
		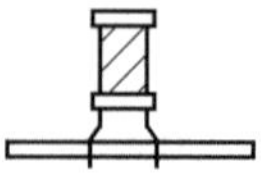	当引脚与插孔宽度不一致时，应预加工成型
		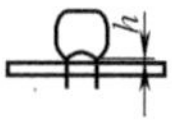	$h<2$mm
	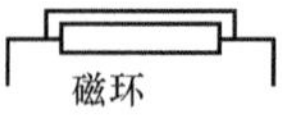	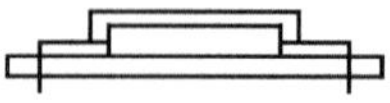	完全插贴 PCB

3.2.4　丝印

丝印工序是由丝印机完成的，它的任务是在印制电路板需要贴装电子元器件的位置上涂印适量的膏状铅锡钎料。

丝印的工作原理和油墨丝网印刷机相似，网板覆盖在精确定位的印制电路板上，用刮刀将铅锡钎料均匀地从网板上推过，镂空的焊盘图形上就被均匀地印上一层焊铅锡钎料。

丝印机有手工、半自动和全自动三种。全自动丝印机工作时，传送系统把印制电路板送到工作台面上，并精确定位在网板下面，进行铅锡钎料印刷后，由传送系统送出，这时，电路板的焊盘上已经被印上了铅锡钎料。

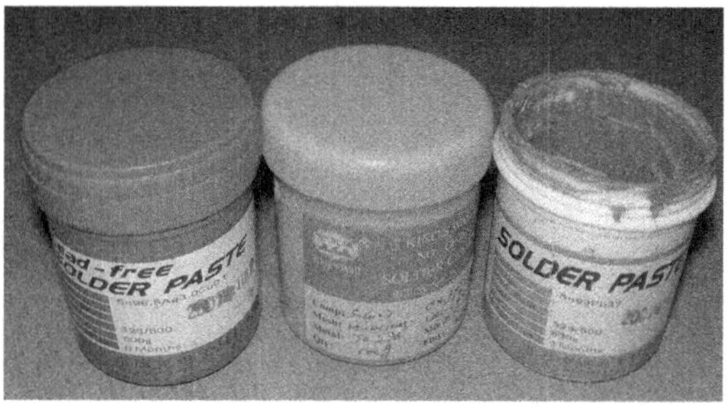

图 3-24　焊锡膏

1. 焊锡膏

膏状铅锡钎料又称焊锡膏或锡膏，如图 3-24 所示，它是用颗粒大小一定的铅锡粉末和助焊剂、添加剂调配而成的，使用前需要在低温条件下保存。常见的锡膏有松香型锡膏、水溶性锡膏、免清洗低残留物锡膏和无铅锡膏。

1）作用：焊接前有一定的黏性，使元器件在贴片过程中黏结在 PCB 焊盘上；焊接后完成 PCB 焊盘与元器件电极之间的物理、电气连接。

2）焊锡膏成分见表 3-4。

表 3-4　焊锡膏成分

组成		主要成分	功能
合金钎料粉		铅（Pb）、锡（Sn）	元器件和电路之间的物理、电气连接
焊剂系统	焊剂、黏接剂、活化剂、溶剂	松香、合成树脂 松香、松香脂、聚丁烯 硬脂酸、盐酸、联氨、三乙醇胺等 甘油、乙二醇	帮助印刷成型、脱模，除去元器件引脚、焊盘和锡珠上的氧化物等

3）焊锡膏的使用与保管。

① 焊锡膏必须密封，且在 2~10℃ 的条件下存储。如果温度升高，焊锡膏中的合金粉末和焊剂发生化学反应后，其黏度上升而影响印刷性；如果温度过低（0℃ 以下），焊剂中的松香成分会发生结晶现象，使焊锡膏状态恶化。

② 焊锡膏从冰箱里取出来后不能直接使用，必须在室温下回温，待焊锡膏温度达到室温后方可打开容器盖，以防止空气中的水汽凝结而混入其中。回温时间是 4 ~8h，至少要 2h，切不可用加热方法使其回温，这样会使焊锡膏性能劣化。

③ 使用前，应用刮刀或不锈钢棒等工具充分搅拌，使焊锡膏内合金粉颗粒均匀一致并保持良好的黏度，搅拌时间为 2~3min，搅拌时应朝一个方向。

④ 添加完焊锡膏后，应盖好容器盖。

⑤ 如果印刷间隔时间超过 1h，须将焊锡膏从模板上拭去，并回收到当天使用的容器中以防止焊锡膏中易挥发物质逐渐减少，使其黏度增大，相关性能改变（免清洗焊锡膏不能回收使用）。

⑥ 焊锡膏被印刷到 PCB 上后，放置于室温下时间过久会由于溶剂挥发、吸收水分等因素造成性能劣化，因而要缩短进入回流焊的等待时间，尽量在 4h 内完成。

⑦ 焊锡膏印刷环境温度最好在（25±3）℃，相对湿度（RH）在 65%以下。

2. 印刷模板

印刷模板也称网板，如图 3-25 所示，它是一种用于在基板上（如 PCB、FPC 等）印刷焊锡膏或贴片胶的刚性漏板。

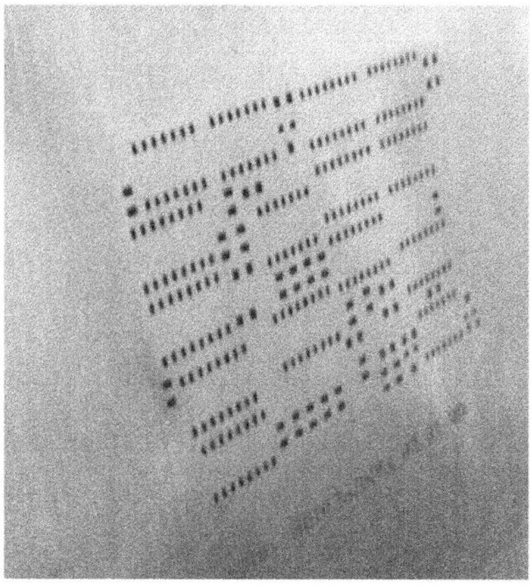

图 3-25　印刷模板

SMT（表面贴装技术）印刷模板的制造方法：

化学蚀刻、激光切割及电铸法等。现在常采用激光切割法制造印刷模板。

3. 丝印机

丝印机有手工、半自动和全自动三种，如图 3-26 和图 3-27 所示。

图 3-26　手工丝印机

图 3-27　全自动丝印机

全自动丝印机工作时，传送系统把印制电路板送到工作台面上，并精确定位在印刷模板下面，进行焊锡膏印刷后，由传送系统送出，这时，电路板的焊盘上就已经被印上了焊锡膏。

4. 印刷模板印刷术语

1）开孔面积百分率（open mesh area percentage）：丝网所有网孔的面积与相应的丝网总面积之比，用百分数表示。

2）模板开孔面积（open stencil area）：丝网印刷模板上所有图像区域面积的总和。

3）网框外尺寸（outer frame dimension）：在网框水平位置上，测得包括网框上所有部件在内的长与宽。

4）印刷头（printing head）：印刷机上通过靠着印刷模板动作、为焊锡膏或胶水转移提供必要压力的部件。

5）焊锡膏或胶水：印刷过程中敷附于 PCB 上的物质。

6）印刷面（printing side）：丝网印刷模板的底面，即焊锡膏或胶水与 PCB 相接触的一面。

7）丝网（screen mesh）：一种带有排列规则、大小相同的开孔的丝网印刷模板的载体。

8）丝网印刷（screen printing）：使用印刷区域呈筛网状开孔印刷模板的漏印方式。

9）印刷网框（screen printing frame）：固定并支撑丝网印刷模板载体的框架装置。

10）离网（snap-off）：印刷过程中，丝网印刷模板与附着于 PCB 上的焊锡膏或胶水的脱离。

11）刮刀（squeegee）：在丝网印刷中，迫使丝网印刷模板紧靠 PCB，并使焊锡膏或胶水透过丝网印刷模板的开孔转移到PCB上，同时刮除印刷模板上多余焊锡膏或胶水的装置。

12）刮刀角度（squeegee angle）：刮刀的切线方向与PCB水平面或与压印辊接触点的切线之间的夹角，在刮刀定位后非受力或非运动的状态下测得。

13）刮刀刀片（squeegee blade）：刮刀的刀状部分，直接作用于印刷模板上的印刷焊锡膏或胶水，使焊锡膏或胶水附着在PCB上。

14）刮区（squeegeeing area）刮刀在印刷模板上刮墨运行的区域。

15）刮刀相对压力（squeegee pressure，relative）刮刀在某一段行程内作用于印刷模板上的线性压力除以这段行程的长度。

16）丝网厚度（thickness of mesh）：丝网印刷模板载体上、下两面之间的距离。

3.2.5 贴片

贴片工艺是将元器件精确地贴装在PCB正确位置上的一种工艺，分为手工贴片和自动贴片。自动贴片通过贴片机按照事先设计的程序实现。

1. 手工贴片

手工贴装SMT元器件，俗称手工贴片。除了因为条件限制需要手工贴片焊接以外，在具备自动生产设备的企业里，当元器件是散装的或有引脚变形的情况时，也需要进行手工贴片。它是机器贴片的补充。

1）手工贴片之前，需要先在印刷电路板的焊接部位涂抹助焊剂和焊锡膏。可以用刷子把助焊剂直接刷涂到焊盘上，也可以手工印刷焊锡膏或手动滴涂焊锡膏。

2）采用手工贴片工具贴放SMT元器件。手工贴片的工具有不锈钢镊子、吸笔、3~5倍台式放大镜或5~20倍立体显微镜、防静电工作台、防静电腕带。

3）手工贴片的操作方法。

① 贴装SMC材料片状元器件。用镊子夹持元器件，把元器件焊端对齐两端焊盘，居中贴放在焊锡膏上，用镊子轻轻按压，使焊端浸入焊锡膏。

② 贴装SOT封装形式的元器件。用镊子夹持SOT元器件，对准方向，对齐焊盘，居中贴放在焊锡膏上，确认后用镊子轻轻按压元器件，使浸入焊锡膏中的引脚不小于引脚厚度的1/2。

③ 贴装SOP、QFP封装形式的元器件。元器件1脚或前端标志对准印制电路板上的定位标志，用镊子夹持或吸笔吸取元器件，对齐两端或四边焊盘，居中贴放在焊锡膏上，用镊子轻轻按压元器件封装的顶面，使浸入焊锡膏中的引脚不小于引脚厚度的1/2。贴装引脚间距在0.65mm以下的窄间距元器件时，可在3~20倍的放大镜或显微镜下操作。

④ 贴装SOJ、PLCC封装形式的元器件。与贴装SOP、QFP封装形式的元器件的方法相同，只是由于SOJ、PLCC封装形式的元器件引脚在元器件四周的底部，需要把印制电路板倾斜45°来检查芯片是否对中、引脚是否与焊盘对齐。

4）在手工贴片前，必须保证焊盘清洁。新电路板上的焊盘都比较干净，但返修的电路板在拆掉旧元器件以后，焊盘上就会有残留的钎料。贴换元器件到返修位置之前，必须先用手工或半自动的方法清除残留在焊盘上的钎料，如使用电烙铁、吸锡线、手动吸锡器或用真空吸锡泵把钎料吸走。清理返修的电路板时要特别小心，因为在组装密度越来越大的情况下，操作也越来越困难并且容易损坏其他元器件及电路板。

2. 手动贴片机贴片

手工贴片也可以利用手动贴片机进行，这类贴片机的机头有一套简易的手动支架，手动贴片头安装在 Y 轴头部，通过 X 轴/Y 轴以及角度 θ 定位可以靠人手的移动和旋转来校正位置，如图 3-28 所示。有时还可以采用配套光学系统来帮助定位，手动贴片机具有多功能、高精度的特点，主要用于新产品开发，适合中小企业与科研单位小批量生产使用。手动贴片机实物如图 3-29 所示。

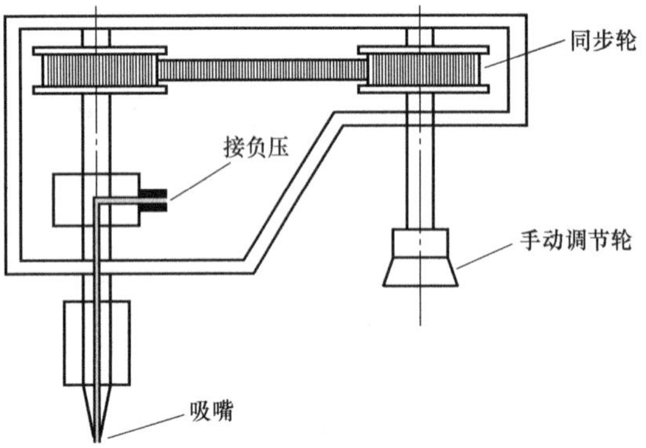

图 3-28　手动贴片机的结构

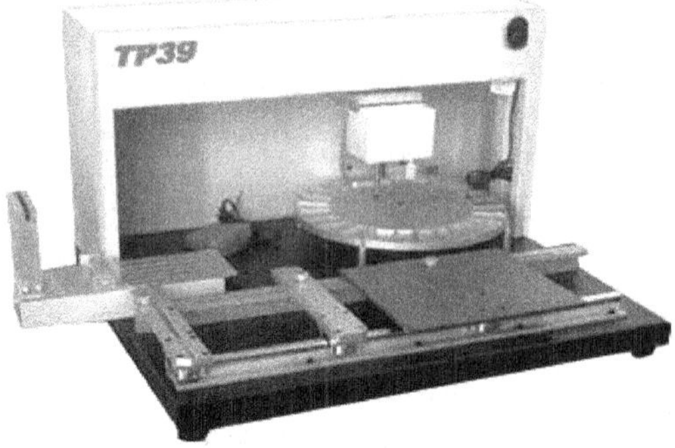

图 3-29　手动贴片机实物

3. 自动贴片机贴片

自动贴片机根据电路板的设计文件编程后工作，它通过控制机械手把电路板各部分所需要的电子元器件精确地贴装在正确的位置上。小型贴片元器件采用纸制盘状编带包装，通常每盘有几千个元器件。每台贴片机侧面可以安装多个料盘，同时贴装多达几十种元器件。

料盘被装在工料架上，机械手依次从料盘或编带中拾取元器件贴放在正确的位置上。元器件由于焊锡膏的黏合力不会移动。如果电路板比较复杂，元器件的种类比较多，则可由几台贴片机组成流水作业方式。

集成电路一般由芯片托盘包装，机械手从芯片托盘上拾取集成电路，通过光学定位，把芯片准确贴装在电路板上。

（1）自动贴片机的类型

1）动臂式贴片机（见图 3-30）。它具有较好的灵活性和精度，适用于大部分元器件。高精度机器一般都是这种类型，但其速度无法与复合式、转盘式和大型平行系统相比。它可分为单臂式和多臂式。

2）复合式贴片机（见图 3-31）。复合式贴片机是由动臂式贴片机发展而来，它集合了转盘式和动臂式的特点，在动臂上安装有转盘，如西门子公司推出的 HS50 贴片机就安装了 4 个这样的旋转头，贴装速度可达 5 万片/h 。

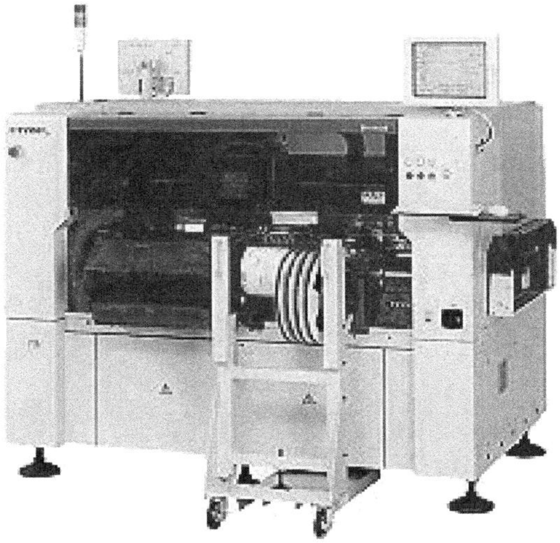

图 3-30 动臂式贴片机

图 3-31 复合式贴片机

3）转盘式贴片机（见图 3-32）。转盘式贴片机由于拾取元件和贴片动作同时进行，使得贴片速度大幅度提高，如松下公司的 MSH3 贴片机的贴装速度可达到 0.075s/片 。

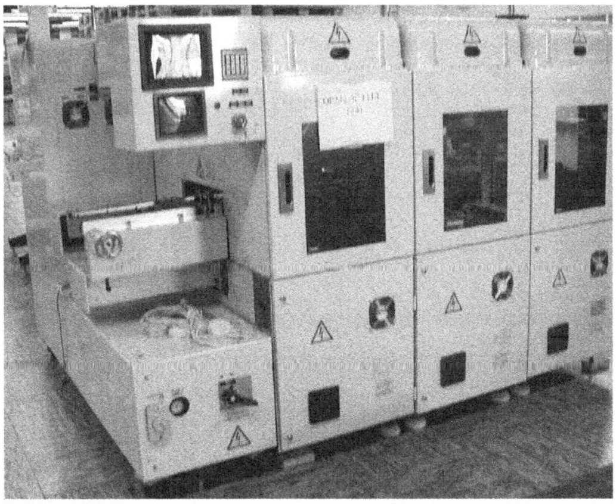

图 3-32 转盘式贴片机

4）大型平行系统（见图 3-33）。大型平行系统由一系列的小型独立组装机组成。各自有丝杠定位系统机械手，机械手带有摄像机和安装头。如飞利浦公司的 FCM 贴片机有 16 个安装头，实现了 0.0375s/片的贴装速度，但就每个安装头而言，贴装速度在 0.6s/片左右。

（2）对贴片质量的要求

要保证贴片质量，应该考虑三个要素。

1）贴装元器件的正确性。

2）贴装位置的准确性。

3）贴装压力（贴片高度）的适度性。

（3）贴片工序对贴装元器件的要求

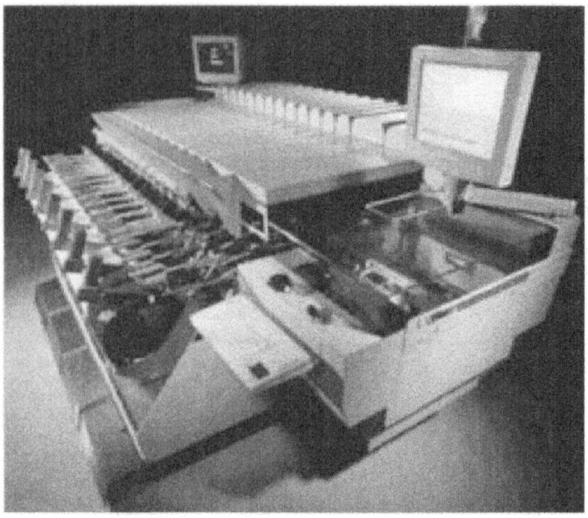

图 3-33 大型平行系统

1）元器件的类型、型号、标称值和极性等特征标记都应该符合产品装配图和明细表的要求。

2）被贴装元器件的焊端或引脚至少要有厚度的 1/2 浸入焊锡膏。一般元器件贴片时，焊锡膏挤出量应小于 0.2 mm；窄间距元器件的焊锡膏挤出量应小于 0.1 mm。

3）元器件的焊端或引脚都应该尽量和焊盘上的图形对齐、居中。回流焊时，熔融的钎料使元器件具有自定位效应，允许元器件的贴装位置有一定的偏差。

（4）元器件贴装偏差及贴片压力（贴装高度）

1）矩形元器件允许的贴装偏差范围。如图 3-34 所示，图 3-34a 的元器件贴装优良，元器件的焊端居中，位于焊盘上；图 3-34b 表示元器件在贴装时发生横向移位（规定元器件的长度方向为“纵向”），合格的标准是：焊端宽度的 3/4 以上在焊盘上，即 $D_1 \geqslant$ 焊端宽度的 75%，否则为不合格；图 3-34c 表示元器件在贴装时发生纵向移位，合格的标准是：焊端与焊盘必须交叠，即 $D_2 \geqslant 0$，否则为不合格；图 3-34d 表示元器件在贴装时发生旋转偏移，合格的标准是：$D_3 \geqslant$ 焊端宽度的 75%，否则为不合格；图 3-34e 表示元器件在贴装时与焊锡膏图形的关系，合格的标准是：元器件焊端必须接触焊锡膏图形，否则为不合格。

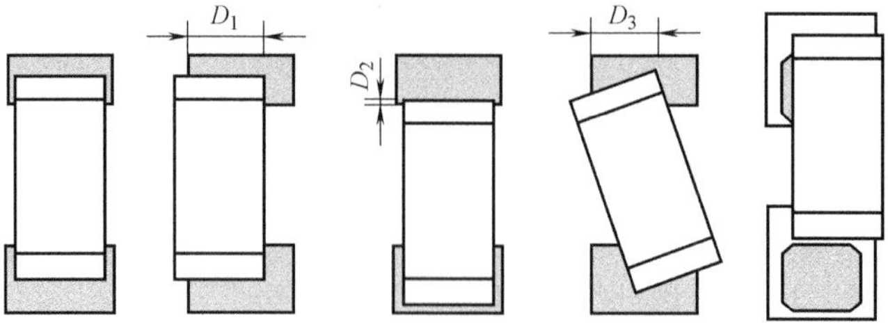

图 3-34 矩形元器件贴装偏差

2）小外形集成电路（SOIC）允许的贴装偏差范围。允许有平移或旋转偏差，但必须保证引脚宽度的3/4在焊盘上，如图3-35所示。

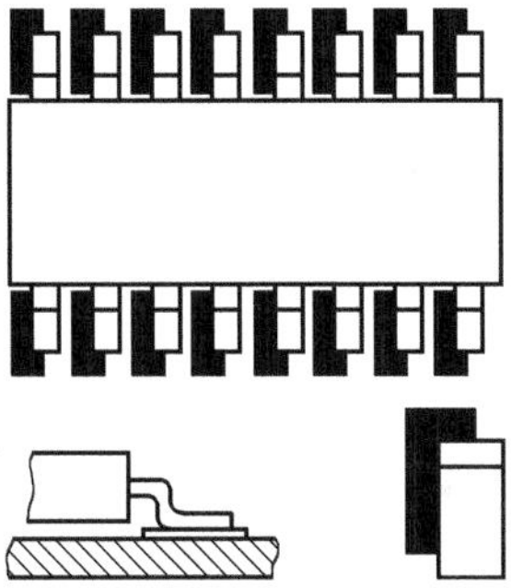

图3-35 SOIC集成电路贴装偏差

3）四边扁平封装器件和超小型器件（QFP，包括PLCC器件）允许的贴装偏差范围。允许有旋转偏差，但必须保证引脚长度的3/4在焊盘上。

4）BGA（焊球阵列封装）器件允许的贴装偏差范围。焊球中心与焊盘中心的最大偏移量小于焊球半径，如图3-36所示。

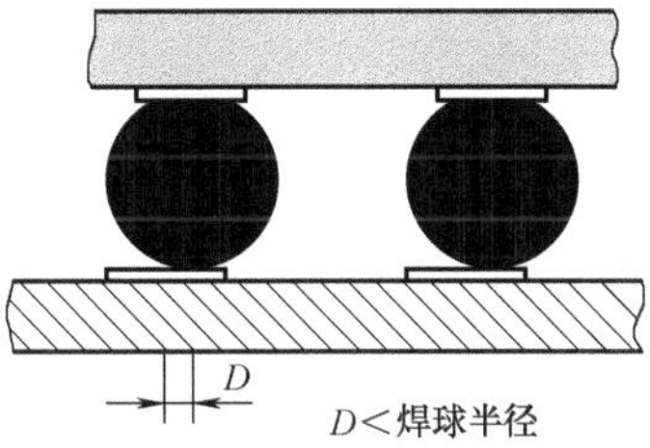

图3-36 BGA集成电路贴装偏差

5）元器件贴片压力（贴装高度）。元器件贴片压力要合适，如果压力过小，元器件焊端或引脚就会浮放在焊锡膏表面，焊锡膏就不能黏住元器件，在电路板传送和焊接过程中，未黏住的元器件可能移动位置。

3.3 能力训练

3.3.1 静电防护训练

1. 训练要求

1）能正确穿着防静电工作服、工作鞋、工作帽等。

2）认识防静电工具、设备，并能正确使用。

3）会用静电测试仪测试防静电腕带。

2. 训练器材与工具

1）防静电工作服、工作鞋、工作帽、工作手套、防静电腕带各一套。

2）MF-47型万用表一块。

3）静电测试仪等防静电工具、设备。

3. 训练内容与步骤

1）正确穿着防静电服饰。

2）防静电腕带的检测。

3）用静电测试仪等防静电检测工具检测防静电腕带的好坏。

4. 训练报告与评价

将训练结果填入表 3-5 中。

表 3-5 训练报告

姓名		训练项目	
班级		训练时间	
作业流程			
遇到问题			
自我评价			
教师评价			
教师签字			

3.3.2 元器件引脚成型训练

1. 训练要求

1）了解元器件引脚成型工艺及引脚成型应注意的相关事项。

2）能根据产品生产要求进行引脚成型操作。

3）会使用常用引脚成型工具。

2. 训练器材与工具

1）防静电工作服、工作鞋、工作帽、工作手套、防静电腕带各一套。

2）MF-47 型万用表一块。

3）镊子、游标卡尺、尖嘴钳、斜口钳等各一把。

4）数字机顶盒电源板的套件一套。

3. 训练内容与步骤

1）认识常用的引脚成型工具，并学会使用。

2）引脚成型训练。将数字机顶盒电源板中的元器件（如电阻、电容、二极管、晶体管等）按工艺文件要求进行引脚成型操作。

4. 训练报告与评价

将训练结果填入表 3-6 中。

表 3-6 训练报告

姓名		训练项目	
班级		训练时间	
作业流程			
遇到问题			
自我评价			
教师评价			
教师签字			

3.3.3 元器件剪脚训练

1. 训练要求

1）了解元器件剪脚工艺及剪脚应注意的相关事项。

2）能根据产品生产要求进行剪脚操作。

3）会使用常用剪脚工具。

2. 训练器材与工具

1）防静电工作服、工作鞋、工作帽、工作手套、防静电腕带各一套。

2）MF-47 型万用表一块。

3）镊子、游标卡尺、尖嘴钳、斜口钳等各一把。

4）数字机顶盒电源板完成引脚成型的套件一套。

3. 训练内容与步骤

1）认识常用的剪脚工具，并学会使用。

2）剪脚训练。

3）将数字机顶盒电源板中的元器件（如电阻、电容、二极管、晶体管等）按工艺文件要求进行剪脚操作。

4. 训练报告与评价

将训练结果填入表 3-7 中。

表 3-7 训练报告

姓名		训练项目	
班级		训练时间	
作业流程			
遇到问题			
自我评价			
教师评价			
教师签字			

3.3.4　插件训练

1. 训练要求

1）了解元器件插件工艺及插件应注意的相关事项。

2）能根据产品生产要求进行插件操作。

2. 训练器材与工具

1）防静电工作服、工作鞋、工作帽、工作手套、防静电腕带各一套。

2）MF-47型万用表一块。

3）镊子、游标卡尺、尖嘴钳、斜口钳等各一把。

4）数字机顶盒电源板完成引脚成型的套件一套。

3. 训练内容与步骤

1）认识电路板上的元器件封装。

2）插件训练。将数字机顶盒电源板中的元器件（如电阻、电容、二极管、晶体管等）按工艺文件要求进行插件操作。

4. 训练报告与评价

将训练结果填入表3-8中。

表3-8　训练报告

姓名		训练项目	
班级		训练时间	
作业流程			
遇到问题			
自我评价			
教师评价			
教师签字			

3.3.5 锡焊膏处理训练

1. 训练要求

1）了解焊锡膏的种类、特点。

2）学会焊锡膏的回温方法。

3）学会焊锡膏的搅拌方法。

2. 训练器材与工具

1）防静电工作服、工作鞋、工作帽、工作手套、防静电腕带各一套。

2）焊锡膏搅拌器一个。

3）有铅、无铅焊锡膏各一盒。

3. 训练内容与步骤

1）了解有铅、无铅焊锡膏的特性。了解焊锡膏回温温度、搅拌程度及合格标准。

2）回温操作训练。对焊锡膏进行回温操作。

3）搅拌操作训练。将有铅、无铅焊锡膏按工艺文件要求进行搅拌操作，总结两类焊锡膏的操作方法有何不同。

4. 训练报告与评价

将训练结果填入表 3-9 中。

表 3-9 训练报告

姓名		训练项目	
班级		训练时间	
作业流程			
遇到问题			
自我评价			
教师评价			
教师签字			

3.3.6 手工印刷训练

1. 训练要求

1）了解手工印刷工艺及应注意的相关事项。

2）学会手工刮刀的使用方法。

3）能根据产品生产要求进行手工印刷操作。

2. 训练器材与工具

1）防静电工作服、工作鞋、工作帽、工作手套、防静电腕带各一套。

2）回温搅拌后的焊锡膏一盒。

3）数字机顶盒主板一块、配套印刷模板一块。

4）手动刮刀一把。

3. 训练内容与步骤

1）认识数字机顶盒主板的PCB，认识印刷模板。

2）手工印刷训练。

① 将数字机顶盒主板与网板对齐。

② 将焊锡膏置于网板上。

③ 手工印刷。

④ 观察印刷质量，总结不足之处。

4. 训练报告与评价

将训练结果填入表3-10中。

表3-10 训练报告

姓名		训练项目	
班级		训练时间	
作业流程			
遇到问题			
自我评价			
教师评价			
教师签字			

3.3.7 手工贴片训练

1. 训练要求

1）了解手工贴片工艺及注意事项。

2）学会手工贴片的技巧和方法。

3）能根据产品生产要求进行手工贴片操作。

2. 训练器材与工具

1）防静电工作服、工作鞋、工作帽、工作手套、防静电腕带各一套。

2）丝印后的数字机顶盒主板一块。

3）镊子两把。

3. 训练内容与步骤

1）夹取元器件训练。

① 用镊子夹取贴片电阻、电容、柱形玻璃塑封二极管、晶体管等元器件各 10 次以上。

② 识别 PCB 上的元器件封装形式。

2）手工贴片训练。

① 将丝印后的数字机顶盒主板置于桌面放平。

② 用镊子夹取元器件按照工艺文件进行手工贴片操作。

③ 观察贴片质量，总结不足之处。

4. 训练报告与评价

将训练结果填入表 3-11 中。

表 3-11 训练报告

姓名		训练项目	
班级		训练时间	
作业流程			
遇到问题			
自我评价			
教师评价			
教师签字			

3.4 技能拓展

3.4.1 引脚成型机操作训练

1. 训练要求

1）了解元器件引脚成型工艺及引脚成型应注意的相关事项。

2）能根据产品生产要求进行引脚成型操作。

3）会操作引脚成型机。

2. 训练器材与工具

1）防静电工作服、工作鞋、工作帽、工作手套、防静电腕带各一套。

2）引脚成型机一台。

3）数字机顶盒电源板的套件一套。

3. 训练内容与步骤

1）收集引脚成型机的相关资料。

2）引脚成型机操作训练。

3）将数字机顶盒电源板中的元器件（如电阻、电容、二极管、晶体管等）按工艺文件要求进行引脚成型操作。

4. 训练报告与评价

将训练结果填入表3-12中。

表3-12 训练报告

姓名		训练项目	
班级		训练时间	
作业流程			
遇到问题			
自我评价			
教师评价			
教师签字			

3.4.2 剪脚机操作训练

1. 训练要求

1）了解元器件剪脚工艺及剪脚注意事项。

2）能根据产品生产要求进行剪脚操作。

3）会操作剪脚机。

2. 训练器材与工具

1）防静电工作服、工作鞋、工作帽、工作手套、防静电腕带各一套。

2）剪脚机一台。

3）数字机顶盒电源板的套件一套。

3. 训练内容与步骤

1）收集剪脚机的相关资料。

2）剪脚机操作训练。将数字机顶盒电源板中的元器件（如电阻、电容、二极管、晶体管等）按工艺文件要求进行剪脚操作。

4. 训练报告与评价

将训练结果填入表 3-13 中。

表 3-13 训练报告

姓名		训练项目	
班级		训练时间	
作业流程			
遇到问题			
自我评价			
教师评价			
教师签字			

3.4.3 全自动丝印机操作训练

1. 训练要求

1）了解丝印工艺及丝印的注意事项。

2）能根据产品生产要求进行丝印操作。

3）会操作全自动丝印机。

2. 训练器材与工具

1）防静电工作服、工作鞋、工作帽、工作手套、防静电腕带各一套。

2）全自动丝印机一台。

3）焊锡膏两盒。

4）数字机顶盒主板的 PCB 一块、配套印刷模板一块。

3. 训练内容与步骤

1）收集全自动丝印机的相关资料。

2）丝印机仿真训练。熟练操作丝印机仿真训练软件。

3）丝印机操作训练。完成数字机顶盒主板的丝印过程，按工艺文件要求进行丝印操作。

4）检查丝印质量，总结不足之处。

4. 训练报告与评价

将训练结果填入表 3-14 中。

表 3-14 训练报告

姓名		训练项目	
班级		训练时间	
作业流程			
遇到问题			
自我评价			
教师评价			
教师签字			

3.4.4 全自动贴片机操作训练

1. 训练要求

1）了解贴片工艺及贴片注意事项。

2）能根据产品生产要求进行贴片操作。

3）会操作全自动贴片机。

2. 训练器材与工具

1）防静电工作服、工作鞋、工作帽、工作手套、防静电腕带各一套。

2）全自动贴片机一台。

3）数字机顶盒主板丝印后的 PCB 若干。

4）数字机顶盒主板套件若干。

3. 训练内容与步骤

1）收集全自动贴片机的相关资料。

2）贴片机仿真训练。熟练操作贴片机仿真训练软件。

3）贴片机操作训练。完成数字机顶盒主板的贴片过程，按工艺文件要求进行贴片操作。

4）检查贴片质量，总结不足之处。

4. 训练报告与评价

将训练结果填入表 3-15 中。

表 3-15 训练报告

姓名		训练项目	
班级		训练时间	
作业流程			
遇到问题			
自我评价			
教师评价			
教师签字			

任务4

焊接工艺

4.1 任务介绍

本任务主要对数字机顶盒生产过程中所涉及的焊接工艺进行详细的介绍和阐述，并通过相关的训练让学生了解焊接工艺的具体内容及相关操作方法。

焊接工艺规程是焊接过程中的一整套工艺程序及其技术规定。围绕数字机顶盒生产流程中所用到的知识点，本次装配任务分为焊接材料的介绍、手工焊接的基本步骤以及拆焊的方法、浸焊、波峰焊、回流焊、检测等相关知识。焊接材料主要分为钎料、阻焊剂、助焊剂。通过对焊接无铅化的描述，让学生了解环保的重要性。手工焊接主要从焊接条件、焊接方法、焊接步骤以及拆焊四个方面进行介绍，并让学生在训练中逐步掌握焊接的技巧。浸焊、波峰焊、回流焊在实际生产当中应用最为广泛，通过对实习车间的参观加深对知识点了解。同时针对相关知识点设置相应的实习训练。

焊接就是把比被焊金属熔点低的钎料和被焊金属一同加热，在被焊金属不熔化的条件下，使熔化的钎料润湿连接处被焊金属的表面，在它们的接触界面上形成合金层，达到与被焊金属间的牢固连接。通过数字机顶盒生产中的焊接流程可了解当前电子产品生产过程中的焊接工艺。

4.2 知识链接

4.2.1 焊接材料

1. 钎料

(1) 钎料的定义

在焊接过程中，用于熔合两种或者两种以上的金属表面，使它们成为一个整体的金属或者合金的材料都称为钎料。钎料是一种熔点比被焊金属低，在被焊金属不熔化的条件下能润湿被焊金属表面，并在接触界面处形成合金层的物质。通常锡焊的被焊金属是铜，钎料是锡铅合金，又称为焊锡。

（2）常用焊锡的分类

1）管状焊锡丝。管状焊锡丝是由助焊剂和焊锡制作在一起做成管状，在焊锡管中夹带固体助焊剂。这种焊锡丝一般用于手工焊接，其外径通常分 0.6mm、0.8mm、1.0mm、1.2mm、1.6mm、2.0mm、2.3mm、3.0mm 等尺寸。

2）抗氧化焊锡丝。抗氧化焊锡丝是在锡铅合金中加入少量的活性金属，这类焊锡丝适用于浸焊和波峰焊。

3）含银焊锡丝。含银焊锡丝是在锡铅焊料中加入 0.5%~2.0%的银，可减少镀银件中银在钎料中的溶解量，并可降低焊料的熔点。

4）焊膏。焊膏常用于表面安装技术中。

2. 助焊剂

1）作用。在锡铅焊接中，助焊剂是一种不可或缺的焊接辅助材料，它能去除氧化物并防止焊接时金属表面再次氧化，增加钎料的流动性，使焊点易于成型，提高焊接质量。

2）分类。助焊剂可分为无机焊剂和有机焊剂两类。

3）松香焊剂。常用的助焊剂有松香、松香酒精助焊剂，氯化锌助焊剂，氯化铵助焊剂等。松香焊剂是典型的有机酸类焊剂，其主要成分是松香酸（约占 80%）。在对铜或铜合金进行焊接时，铜和松香酸在加热的条件下（170℃）生成松香酸铜（金属盐）。而松香酸铜在加热的条件下又会分解成活性铜和松香酸。活性铜与熔化的钎料中的锡反应，最终生成铜锡合金，从而完成焊接。

焊接中常采用中心夹有松香助焊剂，含锡量为 61%、含铅量为 39%的锡铅焊锡丝，也称为松香焊锡丝，如图 4-1 所示。

3. 阻焊剂

1）作用。阻焊剂是一种耐高温的涂料，其作用是保护印制电路板上不需要焊接的部位。

2）分类。热固化型阻焊剂、紫外线光固化型阻焊剂（光敏阻焊剂）、电子辐射固化型阻焊剂。

出于对环保的考虑，现在电子装配工艺中绝大多数情况下采用无铅钎料。

图 4-1　松香焊锡丝

4.2.2　手工焊接

手工焊接是采用手工操作的传统焊接方法，是焊接技术的基础。手工焊接适用于小批量生产的小型化产品、一般结构的电子整机产品、具有特殊要求的高可靠产品、某些不便于机器焊接的场合以及调试和维修过程中修复焊点和更换元器件等。

1. 手工焊接的条件

1）被焊件必须具备可焊性。

2）被焊金属表面应保持清洁。

3）使用合适的助焊剂。

4）具有适当的焊接温度。

5）具有合适的焊接时间。

2. 手工焊接的手法

手工焊接电烙铁的握法有反握法、正握法及握笔法三种，如图 4-2 所示。图 4-3 所示为两种焊锡丝的握法。

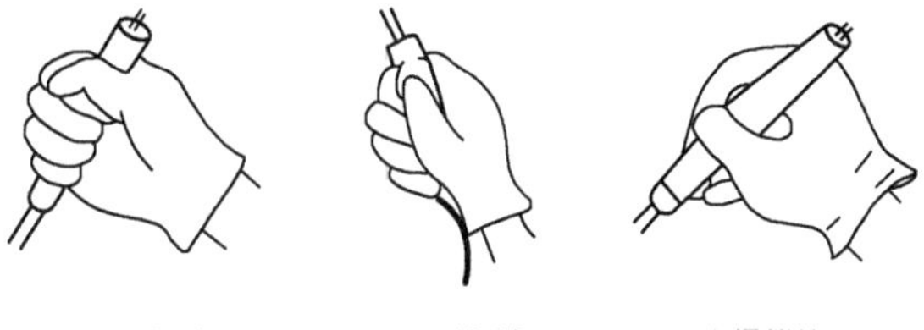

a) 反握法　b) 正握法　c) 握笔法

图 4-2　电烙铁的握法

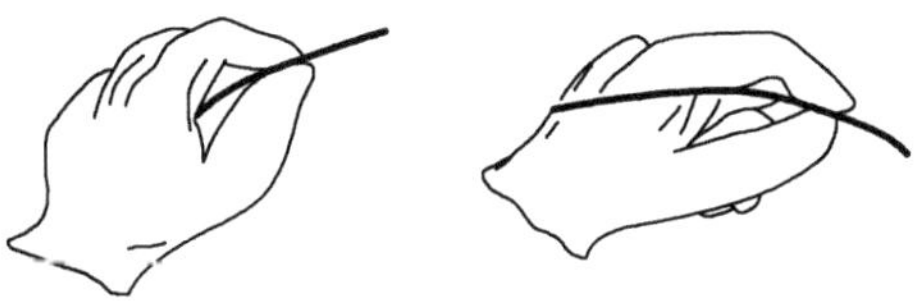

图 4-3　焊锡丝握法

3. 手工焊接三步法

1）准备焊接。清洁焊接部位的积尘及污渍、插装元器件、勾连导线与接线端，为焊接做好准备工作。

2）加热并进行手工焊接。将蘸有少许焊锡的电烙铁头接触被焊元器件几秒钟。若需要拆下 PCB 上的元器件，则待烙铁头加热后，用手或镊子轻轻拉动元器件，看是否可以取下。

3）清理焊接面并检查焊点。若所焊部位焊锡过多，可将烙铁头上的焊锡甩掉（注意不要烫伤皮肤，也不要甩到 PCB 上），然后用烙铁头“吸”些焊锡出来。若焊点焊锡过少、不圆滑时，可以用电烙铁头“蘸”些焊锡对焊点进行补焊。最后检查焊点是否圆润、光亮、牢固，是否有与周围元器件连焊的现象。

4. 手工焊接五步法（见图 4-4）

1）准备。将被焊件、电烙铁、烙铁架等准备好，并放置在便于操作的地方，使电烙铁处于随时可焊接的状态。

2）加热焊件。恒温烙铁温度一般控制在 280～360℃，焊接时间控制在 4s 以内。

部分元器件的特殊焊接要求见表 4-1。

表 4-1　特殊焊接要求

项目＼器件	SMD 器件	DIP 器件
焊接时烙铁头温度	(320±10)℃	(330±5)℃
焊接时间	每个焊点 1～3s	每个焊点 2～3s
拆除时烙铁头温度	310～350℃	(330±5)℃
备注	根据芯片尺寸不同，请使用不同的烙铁嘴	当焊接大功率（TO-220、TO-247、TO-264 等封装）元器件或焊点与大铜箔相连时，上述温度无法焊接时，烙铁温度可升高至 360℃；当焊接敏感怕热零件（LED、CCD、传感器等）时，温度控制在 260～300℃

焊接时，烙铁头与PCB成45°角，将烙铁头顶住焊盘和元器件引脚，然后给元器件引脚和焊盘均匀预热，如图4-4a所示。

3）移入焊锡丝。焊锡丝从元器件引脚和电烙铁接触面处引入，焊锡丝应靠在元器件引脚与烙铁头之间，如图4-4b所示。

4）移开焊锡丝。当焊锡丝熔化（要掌握进锡速度），焊锡散满整个焊盘时，即可以45°角方向移开焊锡丝，如图4-4c所示。

5）移开电烙铁。焊锡丝移开后，电烙铁继续放在焊盘上持续1~2s，当焊锡只有轻微烟雾冒出时，即可移开电烙铁，如图4-4d所示。移开时，不要过于迅速或用力往上挑，以免溅落锡珠、锡点或使焊点拉尖等。同时要保证被焊元器件在焊锡凝固之前不要移动或受到振动，否则极易造成焊点结构疏松、虚焊等现象。

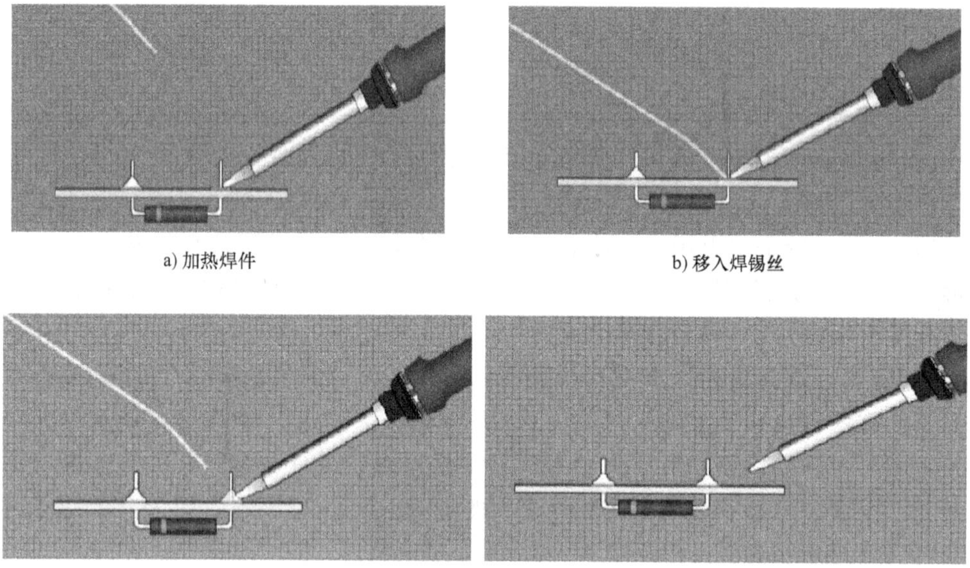

a) 加热焊件　　b) 移入焊锡丝

c) 移开焊锡丝　　d) 移开电烙铁

图4-4　手工焊接的方法

5. 拆焊

拆焊又称为解焊。在调试、维修或焊错的情况下，常常需要将已焊接的导线或元器件拆卸下来，这个过程就是拆焊，它是焊接技术的一个重要组成部分。实际操作时，拆焊要比焊接更困难，更需要使用恰当的方法和工具。如果拆焊不当，则很容易损坏元器件，或使铜箔脱落而破坏印制电路板。因此，拆焊技术也是需熟练掌握的一项基本操作技能。

1）拆焊工具：普通电烙铁、镊子、吸锡器、吸锡电烙铁等。吸锡材料：屏蔽线编织层、细铜网等。

2）用镊子进行拆焊的方法。在没有专用拆焊工具的情况下，可用镊子进行拆焊。因其方法简单，所以是印制电路板上元器件拆焊常采用的拆焊方法。由于焊点的形式不同，其拆焊的方法也不同。

对于印制电路板中引线之间焊点距离较大的元器件，拆焊时相对容易，一般采用分点拆焊的方法，如图 4-5 所示。操作过程如下。

① 首先，固定印制电路板，然后用镊子从元器件面夹住被拆元器件的一根引线。

② 用电烙铁对被夹引线上的焊点进行加热，以熔化该焊点的焊锡。

③待焊点上的焊锡全部熔化，将被夹的元器件引线轻轻从焊盘孔中拉出。

④然后用同样的方法拆下被拆元器件的另一根引线。

⑤用烙铁头清除焊盘上多余的钎料。

图 4-5　分点拆焊示意图

对于拆焊印制电路板中引线之间焊点距离较小的元器件，如晶体管等，由于拆焊时具有一定的难度，多采用集中拆焊的方法，如图 4-6 所示。操作过程如下。

① 首先，固定印制电路板，然后用镊子从元器件一侧夹住被拆元器件。

② 用电烙铁对被拆元器件的各个焊点快速交替加热，以同时熔化各焊点的焊锡。

③ 待焊点上的焊锡全部熔化，将被夹的元器件引线轻轻从焊孔中拉出。

④ 用烙铁头清除焊盘上多余钎料。

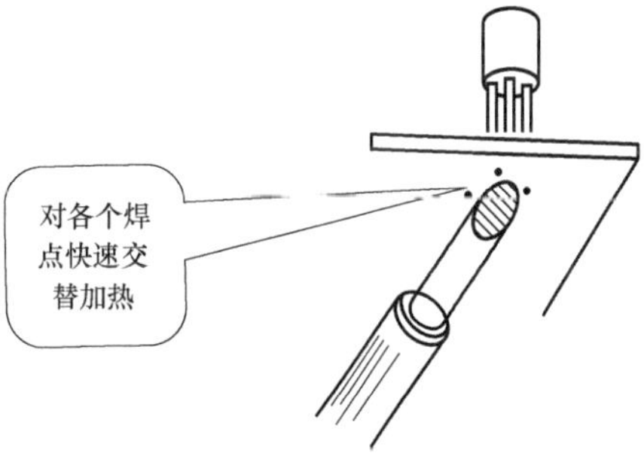

图 4-6　集中拆焊示意图

注意： 此办法加热要迅速，注意力要集中，动作要快。如果焊接点引线是弯曲的，要逐点间断加温，先吸取焊点上的焊锡，露出引脚轮廓，将引线拉直后再拆除元器件。

4.2.3　浸焊

浸焊是指将插装好元器件的印制电路板浸入有熔融状钎料的锡炉内，一次完成印制电路板上所有焊点的自动焊接过程。

1. 手工浸焊

手工浸焊是由人手持夹具，夹住插装好的 PCB，人工完成浸锡的方法，如图 4-7 所示。其操作过程如下。

1）加热使锡炉中的锡温控制在 250℃左右。

2）在 PCB 上涂一层（或浸一层）助焊剂。

3）用夹具夹住 PCB 浸入锡炉中，使焊盘表面与 PCB 接触，浸锡厚度以 PCB 厚度的 1/2～2/3 为宜，浸锡的时间约 3～5s。

4）以 PCB 与锡面成 5°～10°的角度使 PCB 离开锡面，略微冷却后检查焊接质量。如有较多的焊点未焊好，要重复浸锡一次；对只有个别不良焊点的 PCB，可用手工补焊。注意经常刮去锡炉表面的锡渣，保持良好的焊接状态，以免因锡渣而影响 PCB 的洁净度及清洗问题。

手工浸焊的特点：设备简单、投入少，但效率低，焊接质量与操作人员熟练程度有关，易出现漏焊，焊接有贴片的 PCB 较难取得良好的效果。

2. 机器浸焊

机器浸焊是用机器代替手工夹具夹住插装好的 PCB 进行浸焊的方法。当所焊接的电路板面积大、元器件多，无法靠手工夹具夹住浸焊时，可采用机器浸焊。浸焊机如图 4-8 所示。

机器浸焊的过程：电路板在浸焊机内运行至锡炉上方时，锡炉或 PCB 做上下运动，使 PCB 浸入锡炉钎料内，浸入深度为 PCB 厚度的 1/2～2/3，浸锡时间 3～5s，然后 PCB 离开浸锡位，出浸锡机，完成焊接。该方法主要用于电视机主板等面积较大的电路板焊接，以此代替高波峰焊机，减少锡渣量，并且板面受热均匀，变形相对较小。

图 4-7　手工浸焊

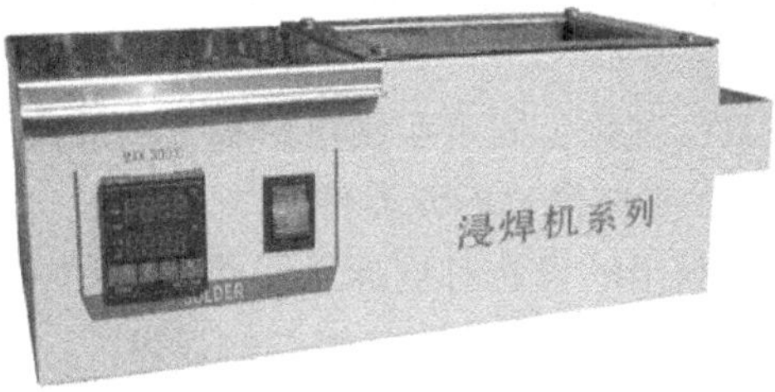

图 4-8　浸焊机

4.2.4　波峰焊

如图 4-9 所示，波峰焊是指将熔化的软钎料（铅锡合金）经电动泵或电磁泵喷流成设计所要求的钎料波峰，亦可通过向钎料池注入氮气来形成，使预先装有元器件的印制电路板通过钎料波峰，实现元器件焊端或引脚与印制电路板焊盘之间机械与电气连接的软钎焊。波峰焊一般分为单波峰焊接和双波峰焊接。

图 4-9　波峰焊机器实物图

1. 波峰焊的工作流程（见图 4-10）

将元器件插入相应的元器件孔中——→预涂助焊剂——→预烘（温度 90～1000℃，

长度 1~1.2m)——→波峰焊(220~2400℃)——→切除多余插件引脚——→检查。

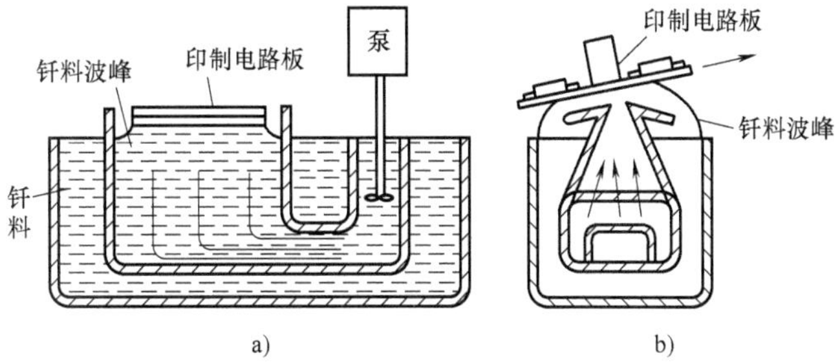

图 4-10　波峰焊工作流程

2. 波峰焊的特点

生产效率高，最适用于单面印制电路板的大批量焊接；焊接的温度、时间、钎料及焊剂等的用量均能得到较完善的控制。但波峰焊容易造成焊点桥接的现象，需要补焊修正。

随着人们对环境保护意识的增强波峰焊有了新的焊接工艺。以前采用的是锡铅合金，由于铅是重金属，对人体有很大的伤害作用，于是产生了无铅工艺。它采用了锡银铜合金和特殊的助焊剂，且焊接温度要求更高的预热温度。另外，在 PCB 过焊接区后要设立一个冷却区工作站，一方面是为了防止热冲击；另一方面，如果有自动在线测试仪的话，可消除对检测的影响。

4.2.5　回流焊

回流焊是指通过重新熔化预先分配到印制电路板焊盘上的膏装软钎料，实现表面组装元器件焊端或引脚与印制电路板焊盘之间机械与电气连接的软钎焊。

从 SMT 温度特性曲线(见图 4-11)分析回流焊的原理。首先，印制电路板进入 140~160℃ 的预热区时，将焊膏中的溶剂、气体蒸发掉，同时，焊膏中的助焊剂润湿焊盘、元器件焊端和引脚。随后，焊膏软化、塌落，覆盖了焊盘，将焊盘、元器件引脚与氧气隔离，并使贴片元器件得到充分的预热。接着进入焊接区，温度以 2~3℃/s 的国际标准升温速率迅速上升，使焊膏达到熔化状态，液态焊锡在 PCB 的焊盘、元器件焊端和引脚润湿、扩散、漫流和回流混合在焊接界面上生成金属化合物，形成焊点。最后，PCB 进入冷却区使焊点凝固。

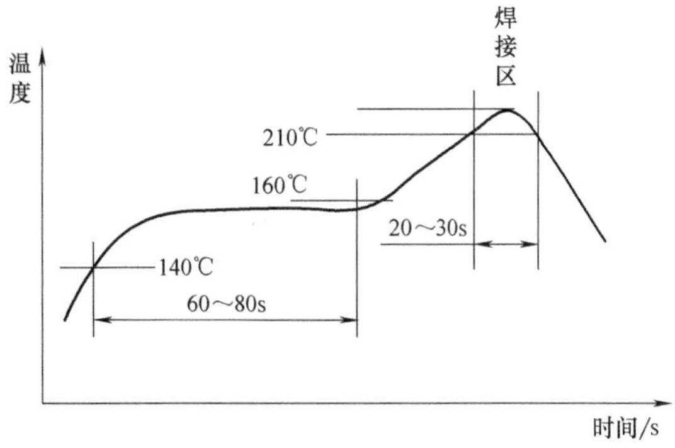

图 4-11　温度特性曲线

各种回流焊方法的比较见表 4-2。

表 4-2　回流焊方法比较

机器种类	加热方式	优点	缺点
红外回流焊	辐射传导	热效率高，温度陡度大，易控制温度曲线，双面焊时 PCB 上下温度易控制	有阴影效应，温度不均匀、容易造成元器件或 PCB 局部烧坏
热风回流焊	对流传导	温度均匀、焊接质量好	温度梯度不易控制
强制热风回流焊	红外热风混合加热	结合红外和热风炉的优点，在产品焊接时，可得到优良的焊接效果	

强制热风回流焊根据其生产能力又分为两种，具体特点见表 4-3。

表 4-3　强制热风回流焊的特点

机器种类	适用情况	优点	缺点
温区式设备	大批量生产	适合大批量生产	PCB 放置在传动带上，要顺序经过若干固定温区，温区过少会存在温度跳变现象，不适合高密度组装板的焊接，而且体积庞大，耗电高
无温区小型台式设备	中小批量生产、快速研发	在一个固定空间内，温度按设定条件随时间变化，操作简便。可对有缺陷贴片元器件（特别是大元器件）进行返修	不适合大批量生产

由于回流焊工艺有再流动及自定位效应的特点，使得回流焊工艺对贴装精度要求比较宽松，比较容易实现焊接的高度自动化与高速性。同时，也正因为再流动及自定位效应的特点，回流焊工艺对焊盘设计、元器件标准化、元器件端头与印制板质量、钎料质量以及工艺参数的设置有更严格的要求。

回流焊作为 SMT 生产中的关键工序，合理的温度曲线设置是保证回流焊质量的关键。不恰当的温度曲线会使 PCB 出现焊接不全、虚焊、元器件翘立、焊锡球过多等焊接缺陷，从而影响产品质量。回流焊原理图如图 4-12 所示。回流焊机如图 4-13 所示。

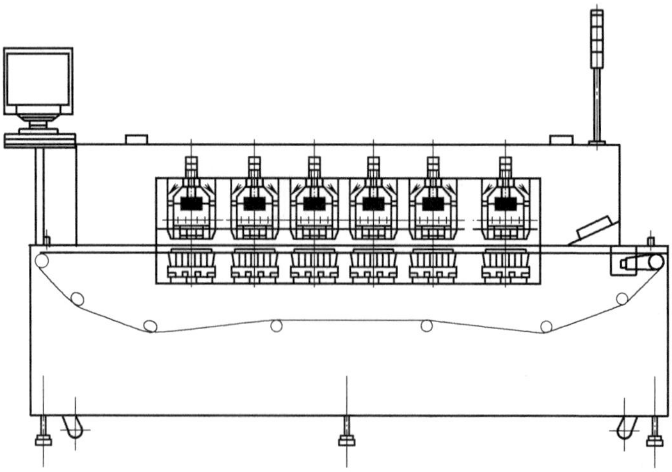

图 4-12　回流焊原理图

图 4-13 回流焊机

4.2.6 检测

1. AOI 检测

AOI（Automated Optical Inspection）的全称是自动光学检测，是一种基于光学原理对焊接生产中遇到的常见缺陷进行检测技术。AOI 是近几年才兴起的一种新型测试技术，但发展迅速，目前很多厂家都推出了 AOI 测试设备。当进行自动光学检测时，机器通过摄像头自动扫描 PCB，采集图像，测试的焊点与数据库中的合格参数进行比较，经过图像处理，检查出 PCB 上的缺陷，并通过显示器或自动标记把缺陷显示/标识出来，供维修人员修整。

可检测的错误类型：

刷锡后贴片前：桥接、移位、无锡、锡不足。

贴片后回流焊前：移位、漏料、极性、歪斜、脚弯、错件。

回流焊或波峰焊后：少锡、多锡、无锡、短接、锡球、漏料、极性、移位、脚弯、错件。

主要特点：

1）高速检测系统，与 PCB 贴装密度无关。

2）快速便捷的编程系统，图形界面下进行，运用贴装数据自动进行数据检测，运用元器件数据库进行数据检测。

3）运用丰富的专用多功能检测算法和二元或灰度水平光学成像处理技术进行检测。

4）根据被检测元器件位置的瞬间变化进行检测窗口的自动化校正，达到高精度检测。

5）通过用墨水直接标记于 PCB 上或在操作显示器上用图形错误标识。

2. ICT 检测

1）定义。ICT（In-Circuit Test）的全称是在线测试，是通过对在线元器件的电性能及电气连接进行测试，从而检查生产制造缺陷及元器件不良的一种标准测试手段。它主要检查在线的单个元器件以及各电路网络的开、短路情况，具有操作简单、快捷迅速、故障定位准确等特点。

飞针式ICT基本只进行静态测试，优点是不需要制作夹具，程序开发时间短。针床式ICT可进行模拟器件功能和数字器件逻辑功能测试，故障覆盖率高，但对每种单板需要制作专用的针床夹具，夹具制作和程序开发周期长。

2）ICT的范围及特点。检查印刷电路板上在线元器件的电气性能和电路网络的连接情况。能够定量地对电阻、电容、电感、晶体振荡器等器件进行测量；对二极管、晶体管、光耦合器、变压器、继电器、运算放大器、电源模块等进行功能测试；对中小规模的集成电路进行功能测试，如所有74系列、Memory类、常用驱动类、交换类等IC。

它通过直接对在线元器件电气性能的测试检测制造工艺的缺陷和元器件的不良。对于元器件类，可检查出元器件值的超差、失效或损坏；对于Memory类，可检查出程序错误等；对工艺类，可发现如焊锡短路，元器件插错、插反、漏装，引脚翘起、虚焊，PCB短路、断线等故障。

测试的故障直接定位在具体的元器件引脚、网络连接点上，故障定位准确。对故障的维修无需较多专业知识。采用程序控制的自动化测试，操作简单、测试快捷迅速。单板的测试时间一般在几秒至几十秒。

3）意义。在线测试通常是生产中第一道测试工序，能及时反应生产制造状况，有利于工艺改进和提升。ICT检测出的故障板，因故障定位准、维修方便，可大幅提高生产效率和减少维修成本。因其测试项目具体，已成为现代化大生产品质保证的重要测试手段之一。

4.3 能力训练

手工焊接练习

1. 训练要求

1）能正确使用电烙铁等焊接工具。

2）会使用五步法、三步法来进行手工焊接。

3）会用钳子对铜线进行加工。

2. 训练器材与工具

1）烙铁架一个，电烙铁、斜口钳、尖嘴钳、镊子各一把。

2）镀锡裸铜丝若干。

3. 训练内容与步骤

1）用斜口钳将镀锡裸铜丝剪成约20cm长的线材，然后用钳子拉住镀锡裸铜丝，如图4-14a所示。镀锡裸铜丝经拉伸变直，再用斜口钳按工艺要求将其剪成长短不同的线材待用。

2）按图4-14b所示方法，用尖嘴钳将拉直后的镀锡裸铜丝进行整形（弯成直角）。然后，将此工件插装在单孔电路板中。

3）用尖嘴钳将被焊镀锡裸铜丝固定在焊盘上，最后完成焊点的焊接，如图4-15

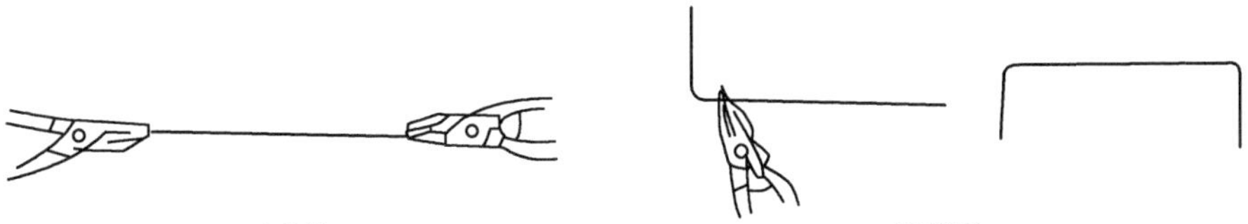

a) 拉伸　　　　b) 整形

图 4-14　镀锡裸铜丝拉伸及整形

所示。

4）在焊点上方 1～2mm 处用斜口钳剪去多余引线。

5）根据图 4-16 所示样例，结合自己的想象，进行实物焊接。

6）注意事项：

① 引线和焊盘要同时加热，时间约为 2s。

② 加焊锡丝位置要适当。

③ 焊锡应完全浸润整个焊盘，停留 1s 后，移开焊锡丝。

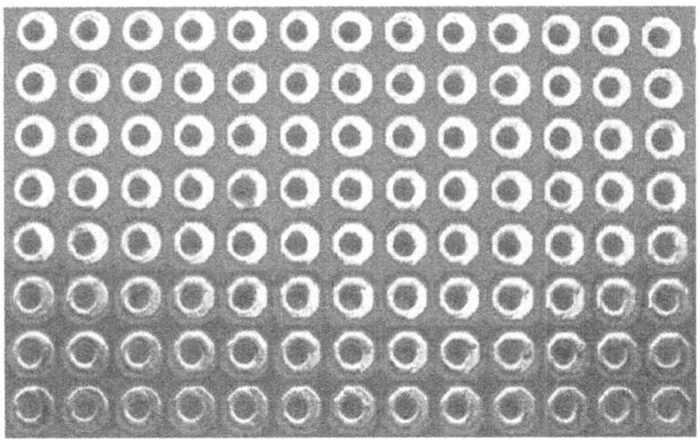

图 4-15　镀锡裸铜丝焊接面

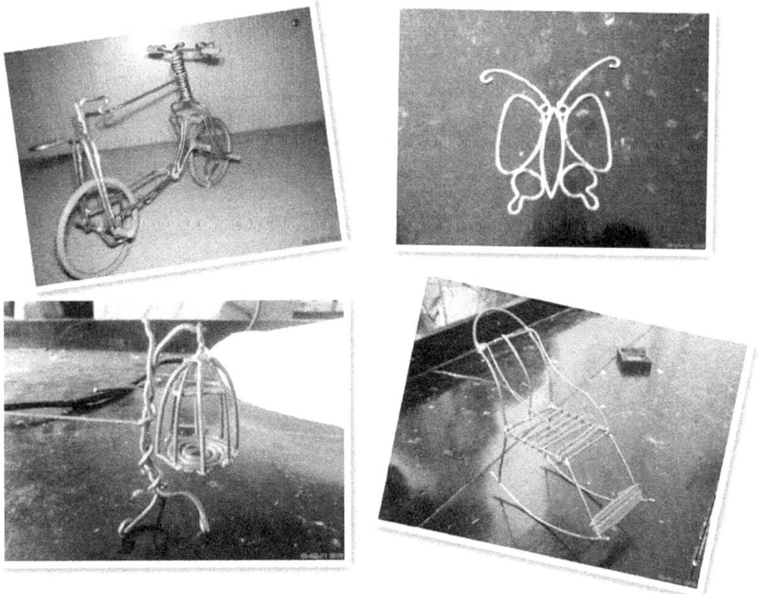

图 4-16　焊接图片样例

④ 焊锡丝移开后，再沿着与印制电路板成 45°角方向移开电烙铁。待焊点完全冷却，时间约为 3 s。

4. 训练报告与评价

将训练结果填入表 4-4 中。

表 4-4　训练报告

姓名		训练项目	
班级		训练时间	
作业流程			
遇到问题			
自我评价			
教师评价			
教师签字			

4.4 技能拓展

机顶盒前控板的焊接

1. 训练要求

1）能正确进行手工焊接。

2）会通过电路图、印制电路板图进行元器件的安装。

3）能根据作业指导书的要求在印制电路板上对元器件进行焊接。

2. 训练器材与工具

1）烙铁架、电烙铁、钳子、镊子各一个。

2）焊锡丝、铜线。

3）数码管、发光二极管、开关、红外接头、PCB 等。

3. 训练内容与步骤

（1）准备工作

1）检查自己穿戴是否符合作业要求。

2）确认作业内容。

3）确认元器件盒中的元器件容量、规格、板位与作业指导书中部件表内容是否一致。如果有异常，需及时向班长进行汇报。

（2）插件作业

1）分别将轻触开关插到 PCB 的 K1、K2、K3、K4、K5 板位上，插件时，注意元器件起伏，并确保元件引脚应置于板位内。

2）将轻触开关插到 PCB 的 K6 板位上。

3）将数码管插到 PCB 的 U4 板位上，注意元器件方向。

4）将红外接头插到 PCB 的 U2 板位上，插件时，注意将红外接头左侧尽量贴向 PCB，且左侧部分要在白色线框内。

5）将绿、红色发光二极管插到 PCB 的 D2 板位上，将发光二极管直角边一侧对应 PCB 有直角边的一侧。

6）将 16V、10μF 电解电容插到 PCB 的 C1 板位，插入后，将电解电容向下放置，高度不超过数码管。

7）将 16V、220μF 电解电容插到 PCB 的 C2 板位，插入后，将电解电容向左侧放置，高度不超过数码管。

8）将 8 脚弯针线束插到 PCB 的 J1 板位上。

9）确认轻触开关插入状态，并对 PCB 上其他手插元件进行目检，确认插件无错误。

10）作业结束后，对元件插入状态、规格和极性进行确认。

（3）实验元器件清单（见表 4-5）

表 4-5　实验元器件清单

序号	图示	元器件名称	数量
1		4 位八段数码管	1
2		4 脚轻触开关	6
3		电解电容	2
4		发光二极管(红)	1
5		发光二极管(绿)	1
6		红外接头	1
7	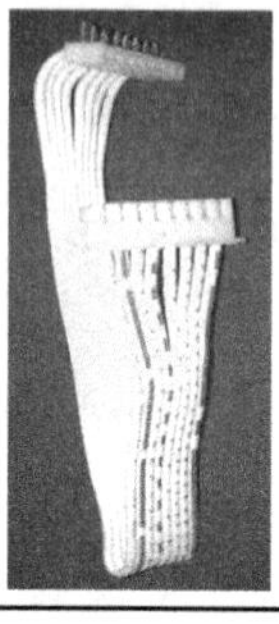	8 脚弯针线束	1

(4) 机顶盒前控板的 PCB (见图 4-17)

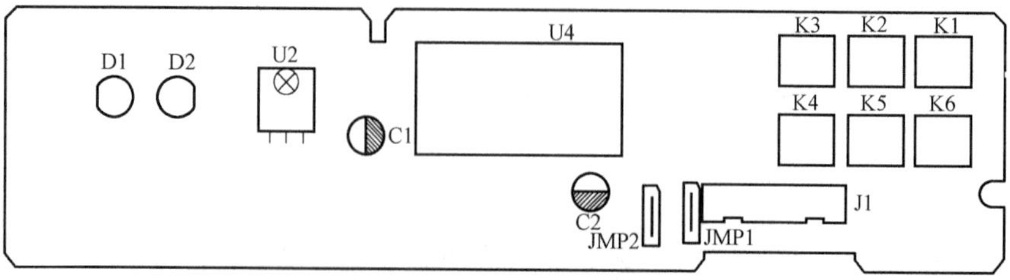

图 4-17　机顶盒前控板的 PCB

(5) 检查

1) 确认正面元器件的极性、漏插及焊接情况，确认轻触开关是否有起伏等不良现象。

2) 确认背面焊接情况，是否有漏焊、连焊，引脚接触不良，并确认维修的状态。

(6) 清洁

确认好后，应保证 PCB 表面清洁。用刷子蘸酒精清洁 PCB，确保背面干净整洁。

(7) 测试

将清洁好的 PCB 转至测试工位进行测试。

4. 训练报告与评价

将训练结果填入表 4-6 中。

表 4-6 训练报告

姓名		训练项目	
班级		训练时间	
作业流程			
遇到问题			
自我评价			
教师评价			
教师签字			

任务5

整机总装工艺

5.1 任务介绍

电子产品质量的好坏，除了电路设计的因素，关键还在于电子产品的装配技术。同一型号的电子产品，如果装配工艺好，各项技术指标就能达到设计要求；如果整机装配工艺不好，其性能指标就达不到设计要求。因此，通过本任务的学习，要求学生了解电子产品总装的内容、原则、工艺流程和基本要求，熟悉并掌握总装的基本技能。

本任务通过数字机顶盒的整机装配过程，使学生了解电子整机的整体装配工艺流程。生产车间及生产流水线如图 5-1 和图 5-2 所示。装配完成的数字机顶盒如图 5-3 所示。

图 5-1　生产车间

图 5-2　生产流水线

图 5-3　数字机顶盒

5.2 知识链接

5.2.1 总装概述

1. 整机总装的内容

电子整机总装（整件装配）是指依据设计文件，按照工艺文件的工序安排和具体工艺要求，将调试、检验合格的零部件进行装配、连接，并经调试、检验直至组成具有完整功能的合格产品的整个过程，如图5-4所示。

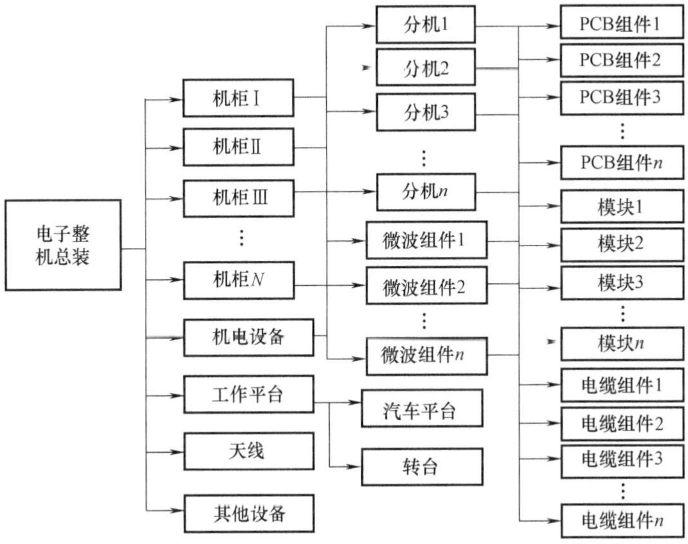

图5-4 整机总装结构树状图

2. 整机总装的基本原则

电子设备的整机装配有多道工序，这些工序的完成顺序是否合理，直接影响到设备的装配质量、生产效率和操作者的劳动强度。

电子设备整机装配的基本原则是：先小后大、先轻后重、先铆后装、先装后焊、先里后外、先低后高、上道工序不影响下道工序、下道工序不改变上道工序的装接，并应注意前后工序的衔接，使操作者方便、省力和省时。

3. 整机总装的基本要求

1）各工序的装配工应按照工艺指导卡进行操作。工艺指导卡阐明了每个工位的操作内容和操作程序，能够正确指导操作人员进行装配。

2）安装零部件的方向、位置、极性应正确，零部件的装配要端正牢固。

3）操作时，不损伤元器件和零部件，不碰伤面板、机壳表面的涂敷层，保持表面光洁；不破坏整机的绝缘性，确保产品电性能的稳定和足够的机械强度。

4）装配过程中，不能将焊锡、线头、螺钉、垫圈等异物落在机器中。

5）在产品的流转生产中，应将待插的连线插头放入机壳内，防止在流转中因卡入传动带或链条而损坏。

6）在总装流水线上应做到均衡生产，保证产品的产量和质量。

5.2.2 总装工艺

电子产品装配的工序因设备的种类、规模不同，其构成也有所不同，但基本工序基本相同。其过程大致可分为装配准备、装联、调试、检验、包装、入库或出厂等几个阶段，据此可制订出整机装配的最有效工序。一般整机装配工艺的具体操作流程如图 5-5 所示。

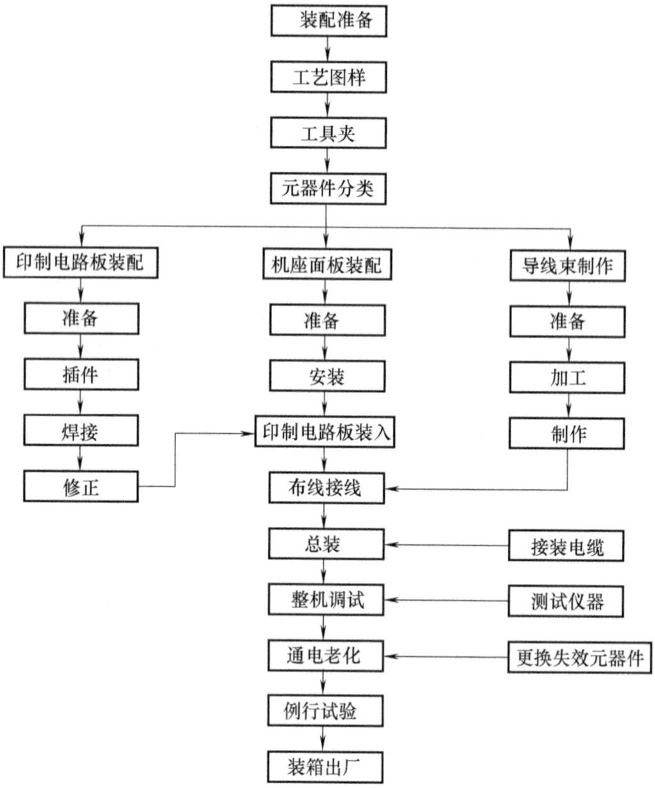

图 5-5 装配工艺流程图

由于产品的复杂程度、设备条件、生产场地条件、生产批量、技术力量及操作工人技术水平等情况的不同，生产的组织形式和工序也并非一成不变，要根据实际情况进行适当的调整。例如，小批量生产可按工艺流程的主要工序进行；大批量生产时，其装配工艺流程中的印制电路板装配、机座装配及线束加工等几个工序可并列进行。在实际操作中，要根据生产人数、装配人员的技术水平等条件编制最有利于现场指导的工序。

5.2.3 总装接线

总装接线是指在电子产品的整机装配中，用导线或线扎在各零部件之间进行电气连接的过程。

总装接线工艺是整机总装过程中的一个重要工艺，它是按接线图、导线表等工序卡指导文件的要求进行的。

1. 配线

配线应根据接线表的要求，同时考虑导线的工作电流、线路的工作电压、信号电平和工作频率等因素。

2. 布线原则

1）不同用途、不同电位的连接线不要扎在一起，应相隔一定距离，或相互垂直交叉，以减小相互干扰。

2）连接线要尽量缩短，使分布电感和分布电容尽可能小，尽量减小或避免产生导线间的相互干扰和寄生耦合。

3）线束在机内分布的位置应有利于分线均匀。从线束中引出接线至元器件的接点时，应避免线束在密集的元器件之间强行通过。

4）与高频无直接连接关系的线束要远离回路，一定不要紧靠高频回路线圈，防止造成电路工作的不稳定。

3. 布线方法

1）连线时，应按照从左到右、从下到上、从内到外的顺序进行布线操作。

2）水平导线敷设时尽量紧贴底板，竖直方向的导线可沿框边四角敷设，以便固定。

3）接点之间的连线要按电路特点连接，应根据具体的结构条件正确选择连接线。接线间距为20~30mm的可用裸铜线连接，需要绝缘时可加绝缘管。

4）交流电源线、流过高频电流的导线，可把导线支撑在塑料支柱上架空布线而远离印制电路底板，以减小元器件之间的耦合干扰。

5）两根以上且长度超过10cm的互相靠近的平行导线可以理成线束。粗的线束应每隔20~30cm及在接线的始端、终端、转弯、分叉、抽头等部位用线夹固定。在固定点的线束处应包几层绝缘材料、半圆形线夹套或套管，以防压坏线束的外层绝缘层。细的线束或单根接线每隔10~15cm用搭扣固定，或用黄色胶粘剂固定。

6）线束弯曲时保持其自然过渡状态，并进行机械固定。

5.2.4 电子产品的可靠性及老化实验

为了验证终端产品的性能寿命，通常需要设计一系列的可靠性及老化实验项目，真实地模拟产品在实际使用中的场景，通过实验结果评估产品的各方面性能。然而实验项目多种多样，如何合理地安排实验项目的顺序，以及分配项目样品的数量，从而达到最优的实验效果，是一个值得研究的课题。下面将对电子产品的可靠性及老化实验的分类加以说明。

可靠性及老化实验主要可分为7个类型，分别是结构可靠性、加速寿命可靠性、接口可靠性、包装可靠性、防护等级可靠性、表面可靠性、气候可靠性。

结构可靠性老化实验（通常需16个样品）如图5-6所示。

加速寿命可靠性老化实验（通常需16个样品）如图5-7所示。

接口可靠性老化实验（通常需2个样品）如图5-8所示。

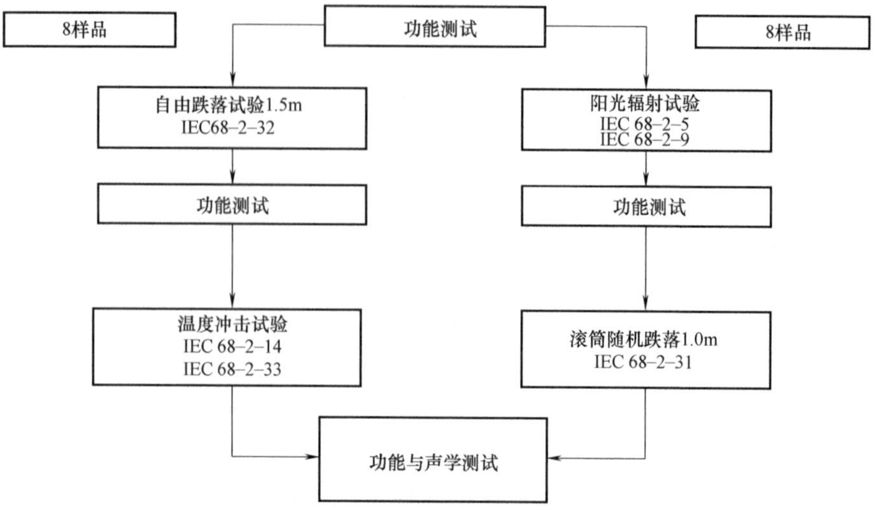

图 5-6　结构可靠性老化实验

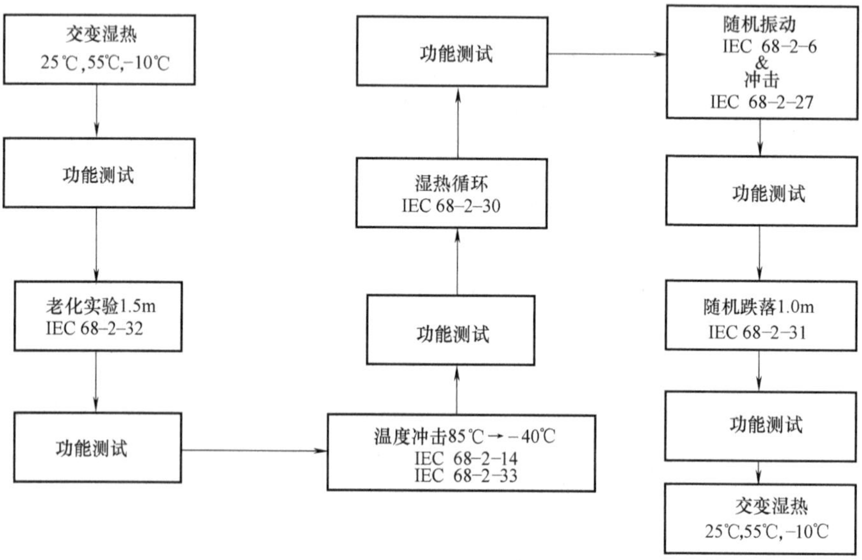

图 5-7　加速寿命可靠性老化实验

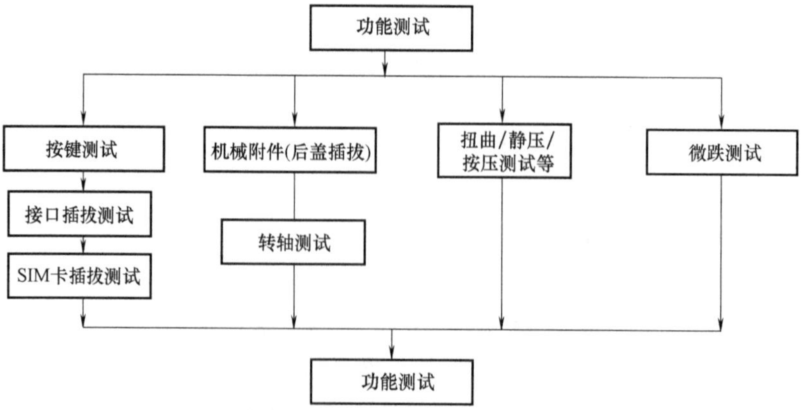

图 5-8　接口可靠性老化实验

防护等级可靠性老化实验（通常需 12 个样品）如图 5-9 所示。

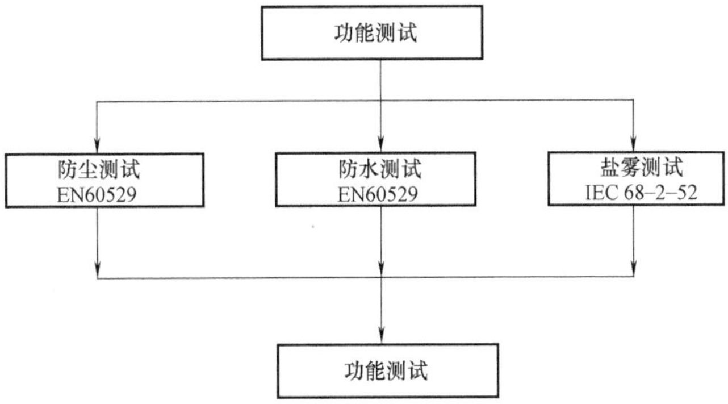

图 5-9　防护等级可靠性老化实验

包装可靠性老化实验（3 个样品）如图 5-10 所示。

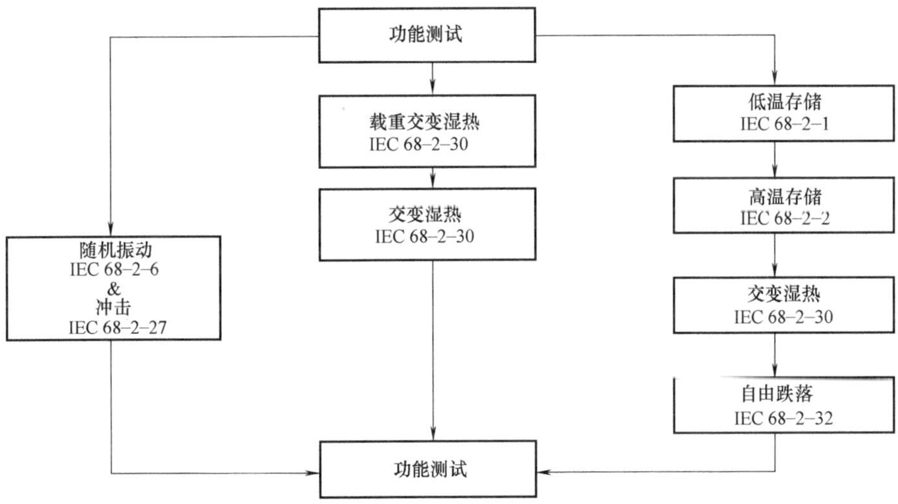

图 5-10　包装可靠性老化实验

5.3　能力训练

5.3.1　充电器总装技能训练

1. 训练要求

充电器整机实物如图 5-11 所示。按总装工艺文件要求，完成充电器的整机装配。

2. 训练器材与工具

装配好的充电器电路板一块，充电器前后外壳，电源线两根，螺钉两个，整机装配工艺文件 1 份，电动螺钉旋具 1 把，电烙铁 1 把。

3. 训练内容与步骤

1）分壳。将充电器外壳两部分分开设置，如图 5-12 所示。

图 5-11　充电器实物

2）将导线焊接在 220V 电源接线端，注意导线的方向。

3）将导线分别焊接在 220V 电源弹片上，焊接电源导线时注意不要烫到外壳。

4）确认电源线走向无误后，扣壳拧螺钉，具体走线方法如图 5-13 所示。

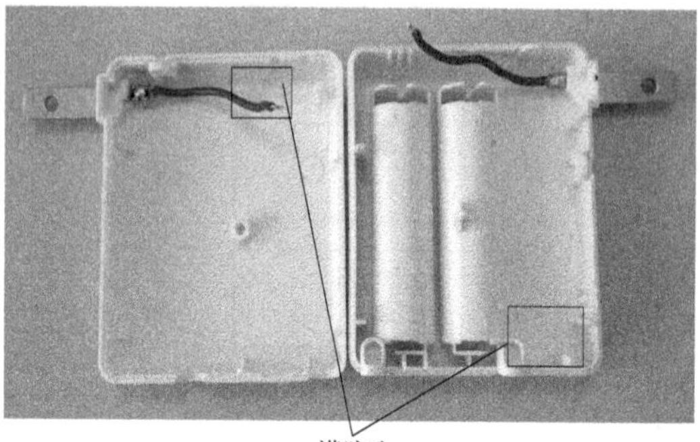

图 5-12　充电器分壳示意图

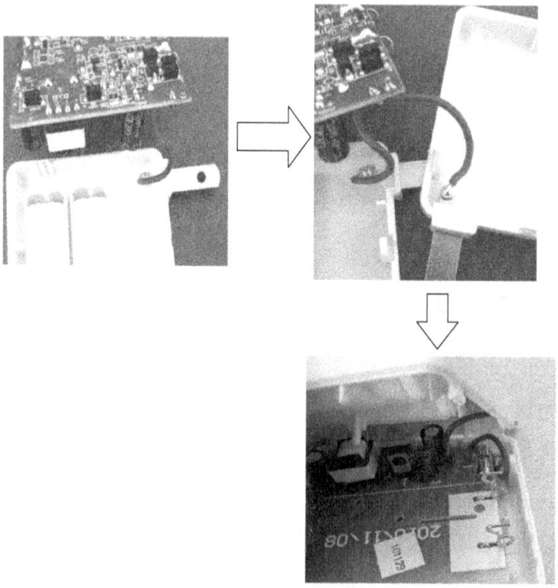

图 5-13　充电器走线示意图

4. 训练报告与评价

将充电器整机总装技能训练结果填入表 5-1。

表 5-1　训练报告

姓名		训练项目	
班级		训练时间	
作业流程			
遇到问题			
自我评价			
教师评价			
教师签字			

5.3.2 电视机机顶盒总装技能训练

1. 训练要求

电视机机顶盒整机实物如图 5-14 所示。按总装工艺文件要求，完成电视机机顶盒的整机装配。

2. 训练器材与工具

电源板、前控板、主板、卡板各 1 块，开关控制钮 1 组，数据连接线 3 根，电源线 1 根，螺钉若干，整机装配工艺文件 1 份，电动螺钉旋具 1 把。

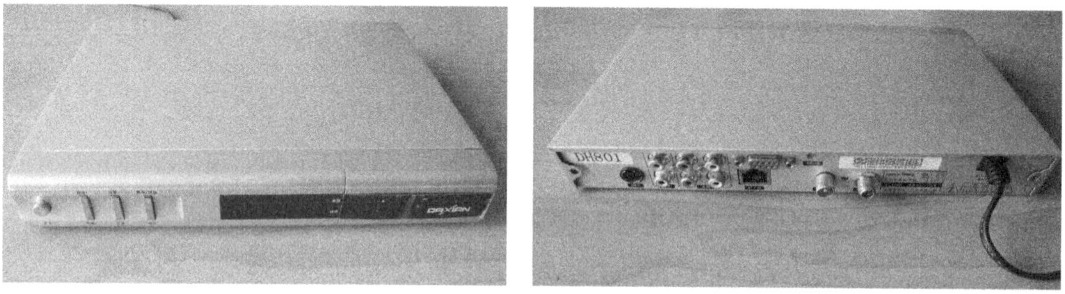

图 5-14　电视机机顶盒实物

3. 训练内容与步骤

1）安装前控板，用 3 个螺钉将其固定。

2）安装开关控制按钮，用两个螺钉将其固定。

3）将电源线安放于卡槽处。

4）安装电源板，将电源线安放在电源板下面。

5）安装主板，用两个螺钉将其固定，将 RS232 接口连线插入主板卡槽处。

6）安装卡板，在侧面用 1 个螺钉将其固定。

7）开关控制钮连线插入电源板上侧卡槽处，电源线插入电源板下侧卡槽处，将电源板与主板用数据线连接，前控板与主板用数据线连接，卡板与主板用数据线连接。

8）将机顶盒上壳扣合，完毕。

机顶盒面板分布如图 5-15 所示。

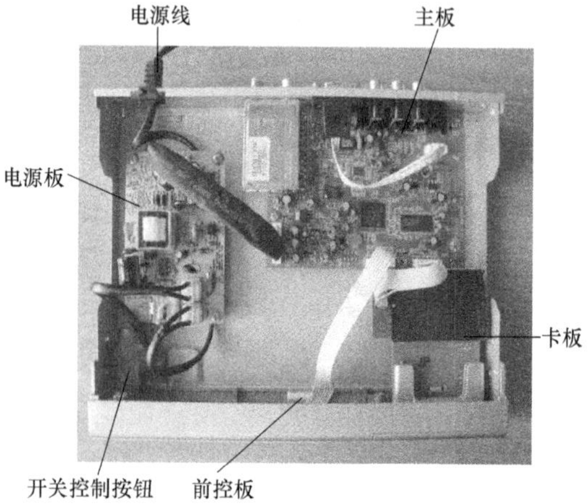

图 5-15　机顶盒面板分布

4. 训练报告与评价

将电视机机顶盒整机总装技能训练结果填入表 5-2。

表 5-2　训练报告

姓名		训练项目	
班级		训练时间	
作业流程			
遇到问题			
自我评价			
教师评价			
教师签字			

5.4　技能拓展

请选择你身边的一个报废电子产品，将其拆卸，研究其整机总装工艺。

任务6

整机调试与检验

6.1 任务介绍

电子产品往往是由若干个功能不同的零部件组成的，装配过程就是把这些元器件、零部件按照设计图样连接起来。虽然我们是按工艺文件装配整机的，但是由于每一个元器件的参数都具有一定的误差，机械的零部件加工又存在一定的公差，从而使电路的各种性能产生一定的偏差，整机装配后不能立即进行正常的工作，必须通过调试使产品达到技术文件所规定的功能和技术性能指标，同时通过调试还能发现产品的设计和工艺问题以及原材料存在的缺陷等。因此，调试和检验是保证并且实现电子产品功能和质量的重要工序，是发现产品设计和工艺问题以及原材料缺陷和不足的重要环节。调试分调整和测试两部分。

检验是确保产品质量符合规定要求不可或缺的重要环节。整机检验是按整机技术要求规定的内容进行观察、测量、试验，并将得到的结果与规定的要求进行比较，以确定整机各项指标的合格情况。整机检验方法可分为全数检验和抽样检验。

通过本次任务，可使学生了解调试的工作内容、调试工作的一般程序、调试工作的工艺要求，电子产品检验的意义和作用、检验的分类以及检验工艺。

6.2 知识链接

6.2.1 调试的一般内容、程序及要求

调试前，应仔细阅读调试说明及相关工艺文件，了解整机的工作原理和技术要求，准备好调试所使用的仪器、仪表并掌握仪器、仪表的使用方法。

1. 调试工作的内容

调试工作的内容一般包括调整和测试两部分工作。调整主要是对可调元器件、部件进行调整。主要包括电路参数方面，例如，可调电阻、电感线圈的可调磁心、微调电容

等；还包括与电气指标有关的机械传动部分。测试则是在调整的基础上使用规定精度的测量仪表对单元电路和整机的电气性能进行测试，以判断各项指标是否达到要求。

调试工作的主要内容大体可以归纳为以下几点：

1）正确合理地选择和使用测试仪器和仪表。

2）严格按照调试工艺文件的要求进行调整和测试。

3）对调试数据进行分析和反馈，对故障进行排除。

4）对存在的问题及时进行总结，并提出改正意见。

2. 调试工作的一般程序

调试工作一般是先调试部件后调试整机；先调试结构部分后调试电气部分；先调试电源后调试电路；先调试静态指标后调试动态指标；先调试基本指标后调试对质量影响较大的指标。

由于电子产品种类繁多，电路比较复杂，内部单元电路的种类要求以及技术指标等不尽相同，所以调试程序也不同。对于一般电子产品来说，调试的大致流程如图6-1所示。

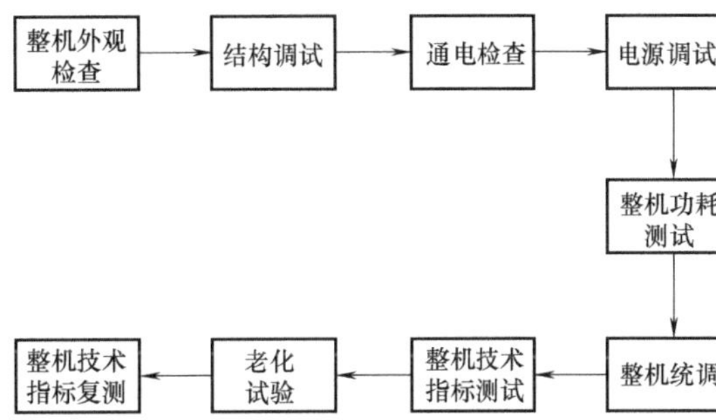

图6-1 整机调试工艺流程

（1）整机外观检查

检查的种类根据整机产品的种类不同存在一定区别，具体按照作业指导书来进行。一般检查开关、紧固螺钉、按键、外观、机内有无异物等。

（2）结构调试

电子整机是机电一体化产品，结构调试的目的是检查整机装配的牢固性、可靠性以及机械传动部分的调节灵活度和到位情况等。

（3）通电检查

确认供电电压和工作电压一致以后，方可接通电源。通电后，检查电子产品有无异常现象，例如，出现火花、冒烟、异味等。如有类似的情况，应立即断电检查。排除故障后再进行调试。

（4）电源调试

电源调试一般在空载状态下进行，切断该电源的一切负载后进行初调。目的是避免因电路未经调试带负载，造成部分电子元器件的损坏。空载调试正常后，加负载进行细调。即在初调的基础上加上额定负载，再测量各项性能指标，观察它们是否符合设计的要求。当达到要求的最佳数值时，锁定有关的调整元器件，使电路在加负载的时候达到最佳功能状态。

（5）整机功耗测试

测试时，常用调压器对待测整机按照额定电源电压进行供电，测出正常工作时的交流电流，两者的乘积即是整机功耗。如果测试值偏离了设计要求，说明机器存在故障隐患，应对其进行全面检查。

（6）整机统调

装配好整机后，应对其单元电路板进行必要的调试，从而保证各单元电路板的功能符合整机性能指标的要求。

（7）整机技术指标测试

对已经调试好的整机进行技术指标测试，判断它是否达到设计要求的技术水平。不同类型整机有不同的技术指标，测试方法也不同。应写出测试数据，分析测试结果，写出调试报告。

（8）老化试验

模拟整机的实际工作条件，使整机长时间处于试验状态，使部分产品存在的故障隐患可以及时的暴露出来，避免带着隐患流入市场。

（9）整机技术指标复测

经过老化试验后，部分元器件参数可能发生变化，造成某些技术指标出现偏差，通常情况下还需要对整机进行技术指标复测，使出厂时的整机处于最佳的技术状态。

3. 调试工作的工艺要求

为了保证电子产品的质量，在调试过程中，除了要保证调试的工艺完整性以外，对于调试工作还有如下的工艺要求。

1）调试场所要保证适当的温、湿度，应该有良好的安全措施，确保调试设备和人身的安全。调试台及场地应铺设绝缘胶垫。工作场地要备有消防设施。周围不能有强烈的振动和很强的电干扰。特别是在调试高频电路时应该在屏蔽室内进行。

2）根据工艺要求，在正确选择仪器仪表的同时要熟悉各种仪器仪表的使用方法。仪器仪表本身误差务必小于被测量所要求的精度。测量仪器的接地与待测电路的接地要一致。对灵敏度较高的仪表连接线必须采用屏蔽线。需要预热的仪器要提前做好预热工作。

3）在接通电源之前，应检查电路是否都正常。当测试设备需要使用调压变压器时，应注意接法。在带电情况下进行调试时，应做好绝缘安全准备，单手进行操作，以免触电。

4）调试中发现问题时要仔细分析原因，不要轻易地进行元器件和部件的更换。如果一定要更换元器件，或者需要改变连线之前，应关掉电源。

6.2.2 电子产品的检验

1. 电子产品检验意义及作用

产品质量决定企业的发展力量。检验是保证产品质量的一项重要工作，它贯穿在整个生产过程中。电子产品检验是指按照国家标准、部级标准、企业标准或者是双方协定的技术协议等公认的质量标准规定的内容，对电子产品进行观察、测量、试验，并将得到的结果与规定的要求进行比较，以确定该电子产品是否合格。

检验是确保产品质量合格不可或缺的重要环节。不合格产品流入市场，将使企业形象和信誉度受到巨大冲击，不利于企业的生存和发展。高质量的产品是每个电子制造企业的追求。因此，有效严密的检验体系、业务熟练的检验技术队伍，是一个企业的重要组成部分。

在现代的企业生产中，检验是不可或缺的产品质量监控手段，其主要的作用如下。

1）符合性判定。通过检验确认产品合格与否，为客户或者下一道工序提供质量保证。

2）过程控制。通过对在生产的产品进行检验，发现生产过程中的异常情况，及时做出工艺调整，确保不合格产品返修、补修等情况的及时跟踪及追溯。

3）质量把关。严格地区分合格与不合格产品，确保不合格产品不流出工厂。

4）提供信息。通过对检验数据的分析，及时发现潜在的不合格因素，调整生产工艺，防止不合格产品的出现。

5）出具符合性证据。检验结果形成的记录和报告是判定产品符合标准的证实性材料。

2. 电子产品检验的分类

电子产品检验形式按不同的情况或者从不同的角度进行分类，具体的分类见表 6-1。

表 6-1 电子产品检验形式分类

分类方式	检验形式	特　征
按成产程度分	进货检验	对元器件、材料、零部件、整件进行入库检验
	过程检验	产品加工过程中，每道工序完工后或几道工序完工后的检验
	整机检验	电子企业对该产品的整机检验
按检验地点分	固定检验	把产品的零部件送到固定的地点检验
	巡回检验	在产品加工或者装配工作的现场进行检验
按检验样品分	全数检验	对应检验的产品、零部件进行全部检验，一般只对可靠性要求较高的产品、试制产品记载生产条件和生产工艺改变后生产的部分产品进行全检
	抽样检验	对应检验的产品、零部件按规定的标准进行抽检，即仅抽取一定的样本数量进行检验
	免检	对经国家权威部门产品质量认证合格的产品或者信得过的产品在买入时无需检验，可以以供应方的合格证或检验数据为依据进行接收
按检验人员分	专职检验	由专职检验人员进行的检验，一般为部件、整机的检验
	自检	操作人员根据本工序的工艺指导卡的要求，对自己所装配的元器件、零部件的装接质量进行检验；或者由班组长、班组质量检验人员对本班组加工产品进行检验
	互检	同工序的工人进行互相检验或者下一道工序对上一道工序进行检验
按检验性质分	非破坏性检验	经检验后，不降低该产品的价值
	破坏性检验	经检验后，该产品降低了价值或者产品无法使用

3. 检验工艺

在工厂的生产过程中，检验一般可以分为三个环节，即元器件、材料、零部件及整件等在入库前的检验，生产过程的检验和整机检验。

（1）检验项目

1）外观检验：一般采用目视、触摸等方法。

2）尺寸和结构检验：采用游标卡尺或百分表等检验尺寸，采用拉力计、扭力计等检验结构。

3）特性检验：包括物理、化学、机械等特性以及电性能的检验，一般使用仪器和设备辅助检验。

4）包装检验：检验包装的标识是否规范。对于简易包装要进行堆码试验和起吊试验；对于防雨包装要进行淋雨试验；防潮、防锈、防霉包装要进行潮热试验；防震包装要进行堆码试验、起吊试验、公路运输试验、吊摆试验以及面、棱或角跌落试验。

5）型式检验：产品在设计定型和生产定型后需进行定型检验，其目的是为了检验生产厂家是否有能力生产出符合产品标准规定的产品。它包括电性能和机械性能试验、环境试验、可靠性试验、安全性试验以及电磁兼容性试验。

（2）检验流程图（见图 6-2）

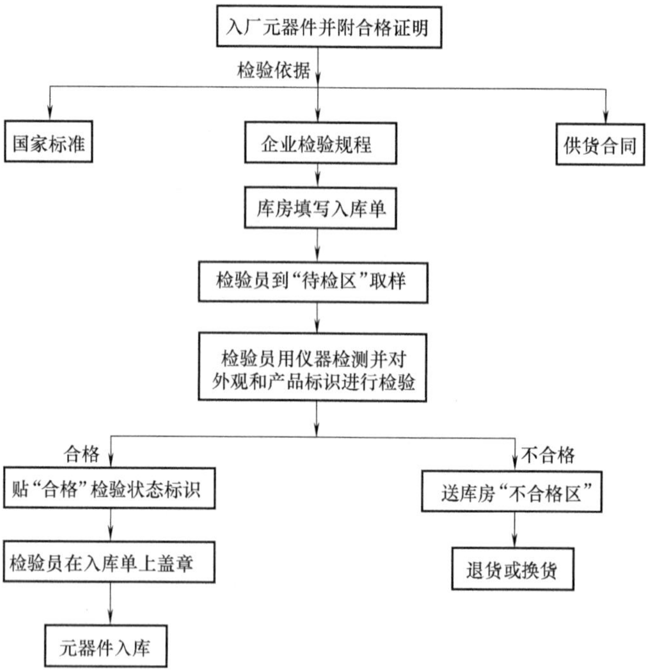

图 6-2 检验流程图

1）生产过程的检验。

① 首件检验。首件，质控点工位或设备生产的第一件工位，即第一块基板。切换点一般发生在作业机种切换时；补品补缺上料时；交接班操作员更换时；间休后作业开始时；设备故障检修恢复时；停电故障恢复作业时；雷电、大风等坏天气造成瞬间断电时；设备程序丢失重新写入时等。首件，检验的目的是尽早发现质量缺陷，防止产品出现批量性的生产错误。检验完毕要填写相应的记录并由班组长及时进行确认。

② 巡回检验。在线巡检员负责每天在一定时间间隔内检查各个生产线的生产是否符合各项生产规定；对良品、不良品区分管理、标识及传票的填写进行监督管理，对不符合要求的及时向相关责任人提出；对生产过程中的产品进行跟踪，如果连续发现同样不良现象，需要及时反馈给相关责任人。在线巡检员应对各条生产线各个工位作业员的自检进行时时监督，时时抽检良品状态。如果发现重大不良，应立刻通知相关负责人停线提改。对违反作业规定或工艺要求的操作员，巡检员有权利对其进行批评教育。

巡检目的是通过巡检及时发现、随时纠正违反工艺作业和可能对产品质量造成不良的生产条件和方法，并采取相应对策及时改善。从事后检验把关为主转变为以预防和改进为主，使生产的全过程都处于良性受控状态。

③ 完工检验。对一个批次的完工产品进行全面检验。一般包括抽检和全检。

不同的生产厂家对生产过程中的各项检验要求是基本相同的，但是也有一定的区别，图 6-3 和图 6-4 分别为某公司对印制电路板的印刷标准及不良判定作业指导书和贴片标准及不良判定作业指导书。

印刷标准及不良判定作业指导书	承认	确认	作成

文件编号	09-0062	发行日期	2018.12.08	版本	REV00
		机种名称	所有产品	页数	1

标准判定

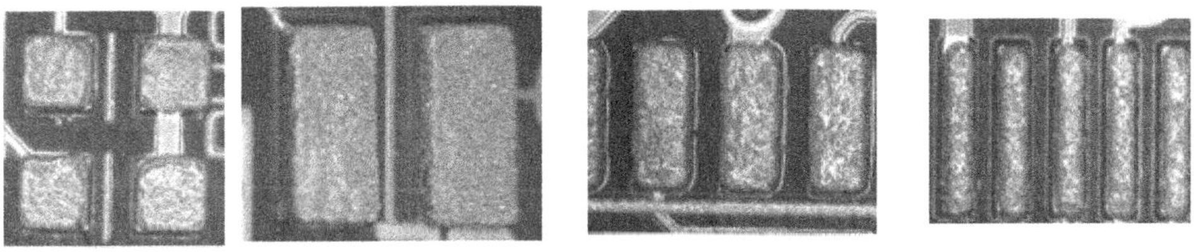

焊锡膏量、厚度均匀,成型佳,无崩塌断裂,焊盘被焊锡膏完全覆盖,焊锡膏无偏移

允收判定

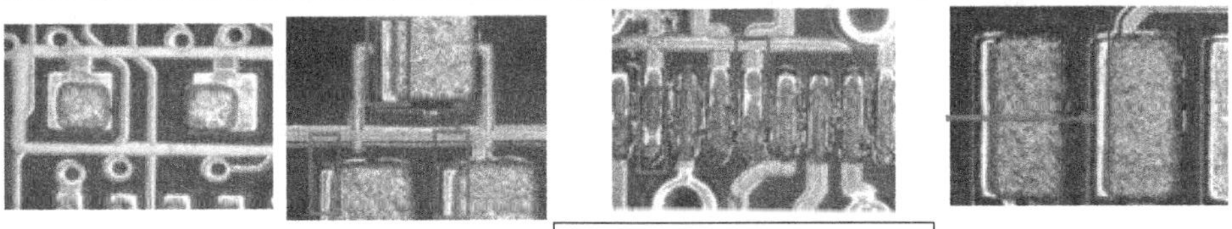

焊锡膏量足,成型佳,且焊锡膏覆盖焊盘85%以上

焊锡膏虽成型不佳,但仍足以将零件引脚包满,厚度够,无偏移,回流焊后无焊性不良现象

焊锡膏成型佳,虽有偏移,但未超过15%焊盘度

拒收判定

焊锡膏量不足,两点焊锡膏量不均,印刷偏移量超过20%焊盘

偏移量大于15%焊盘,当零件放置时造成短路

焊锡膏成型不良且断裂

版本变更记录

日期	版本	页数	备注
2018-12-8	00	1	初版

图 6-3　印刷标准及不良判定作业指导书

贴片标准及不良判定作业指导书				承认	确认	作成
文件编号	09-0049	发行日期	2018.12.08	版本	REV00	
		机种名称	所有产品	页数	1	

标准判定

零件的两端焊接情形良好
焊锡膏的外观呈内凹弧面的形状

零件引脚置于焊盘中央且平贴于焊盘上
零件引脚呈良好的蘸锡情形,表面洁净光亮,无锡球残留
焊锡膏在零件引脚上呈平滑的下抛物线形

允收判定

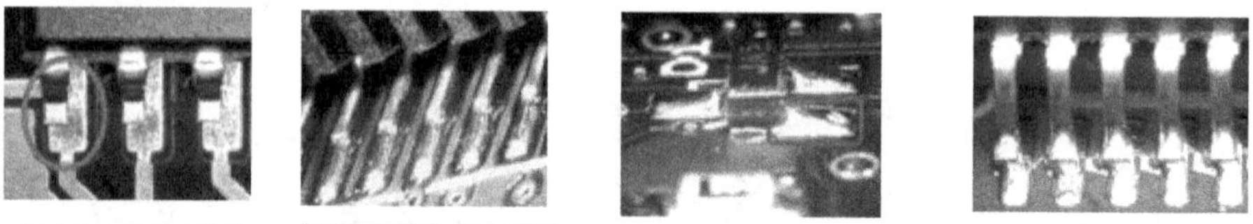

稍有偏移,但偏移量小于1/5焊盘宽

零件接着面在焊盘范围 内且50%以上脚宽位于焊盘范围内

零件引脚未超出焊盘
零件引脚的蘸锡量达4/5焊盘宽

焊点未全部充满零件端点与焊盘上,但零件脚周围有50%以上被焊锡膏覆盖

拒收判定

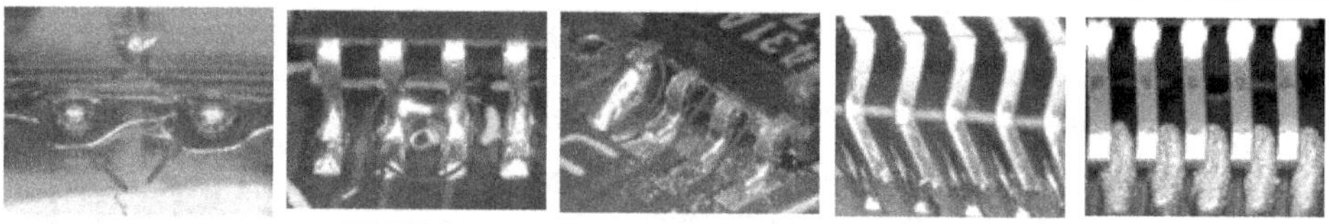

锡球直径大于0.18mm
零件周围锡球超过7颗

零件两脚之间连焊短路

锡量过多、过薄或无锡(虚焊)

零件引脚浮起虚焊

30%以上的脚宽超出焊盘宽

版本变更记录

日期	版本	页数	备 注
2018-12-8	00	1	初版

图 6-4　贴片标准及不良判定作业指导书

2）整机检验。整机检验是按整机的技术要求规定的内容进行观察、测量、试验，并将得到的结果与规定的要求进行比较，以确定整机各项指标的合格情况。整机产品检验方法可分为全数检验和抽样检验。

整机检验是检查产品在经过总装、调试合格之后是否达到了预定的功能要求和技术指标。

整机检验的方法可分为全数检验和抽样检验。

① 全数检验。对产品 100%进行逐个检验。

② 抽样检验。从待检品中抽出部分样品进行检验。抽样检验应该在产品成熟、定

型、工艺规范、设备稳定的前提下进行，抽样方案应该按照国家标准制定。

整机检验的内容可分为直观检验、功能检验和主要性能指标的测试。

① 直观检验。它是指在常温条件下的外观检查项目和装联正确性检验项目。例如，产品的整洁状况；铭牌、标志有无损伤等。元器件固定是否牢靠；异形元器件是否有开裂现象；传动部分是否灵活；控制单元是否操作正常、到位等。

② 功能检验。它是指对产品设计所要求的各项功能进行检验。不同的产品有着不同的检验内容和要求。例如，对机顶盒应检验图像是否流畅、声音有无停顿等现象。

③ 主要性能指标的测试。这是整机检验的主要内容之一。通过检验确定产品是否达到了国家或行业的技术标准。现行国家标准规定了各种电子整机产品的基本参数及测量方法，检验中一般只对主要性能指标进行测试。例如，安全性能、使用性能等。

6.3　能力训练

整机测试训练

1. 训练要求

1）认识常用的测试工具、测试设备。

2）能按照测试作业指导书的要求完成测试项目。

2. 训练器材与工具

1）防静电工作服、工作鞋、工作帽、工作手套、防静电腕带各一套。

2）整机测试常用工具一套。

3. 训练内容与步骤

数字机顶盒的检验项目很多，在此仅介绍几个检验步骤，方便了解整机的测试内容。按照测试作业指导书完成如图 6-5～图 6-9 所示的测试训练过程。

*项目:SET TOP BOX
*规格:DH-801

测试步骤书

文件编号:DHDZ-SJ-TI-001-1101

工程编号	工程名	文件版本	制成	审核	批准
	制造部装配老化后测试作业-1	A 2019年1月10日			

作业图

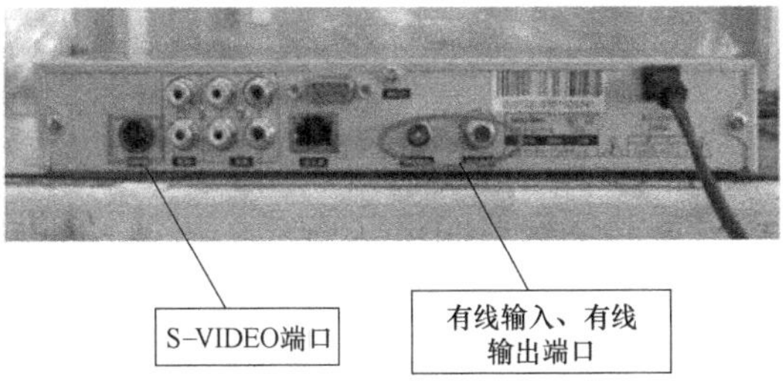

作业内容(注意事项)

将S端子线、环路、RF连接线连接到机顶盒上对应端口

1.S端子测试
确认图像流畅正常，无黑屏、停顿、马赛克现象

2.环路测试
确认图像流畅正常，无黑屏、停顿、马赛克现象；
声音正常，流畅、无停顿

3.按键测试
确认所有按键手感舒适、功能正常

使用工具
-手套
-电视机
-音箱

操作人	日期

图 6-5　机顶盒整机测试步骤一

*项目:SET TOP BOX
*规格:DH－801

测试步骤书

文件编号:DHDZ-SJ-TI-001-1101

工程编号	工程名	文件版本	制成	审核	批准
	制造部装配老化后测试作业－2	A 2019年1月10日			

作业图

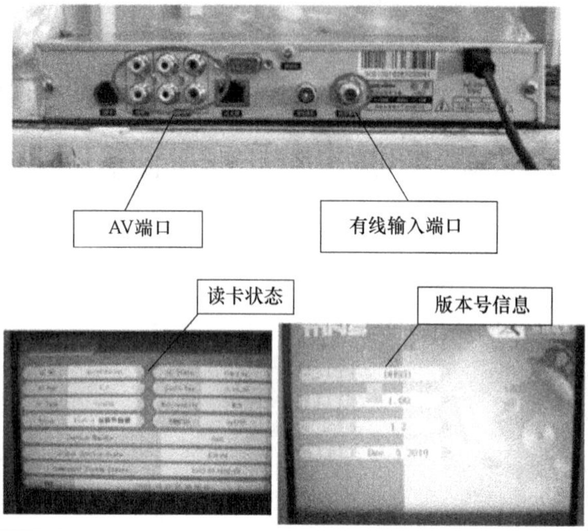

作业内容(注意事项)

将AV音视频线、信号线连接到STB对应接口上，IC卡插入IC卡槽内

1.AV1、AV2功能测试
确认图像流畅正常，无黑屏、停顿、马赛克现象；声音正常。流畅、无停顿

2.击震测试
在AV状态下，拍打上盖，确认拍打过程中音视频输出正常；或出现停顿，停止敲打2s后恢复正常

3.确认IC卡读卡功能
选择“系统设置”－“CA信息”－“智能卡信息”确认读卡状态

4.确认智能卡版本号信息
系统设置－系统版本，确认版本信息

使用工具
－手套
－电视机、示波器
－音箱

操作人	日期

图 6-6　机顶盒整机测试步骤二

*项目:SET TOP BOX
*规格:DH－801

测试步骤书

文件编号:DHDZ-SJ-TI-001-1101

工程编号	工程名	文件版本	制成	审核	批准
	制造部装配老化后测试作业－3	A 2019年1月10日			

作业图

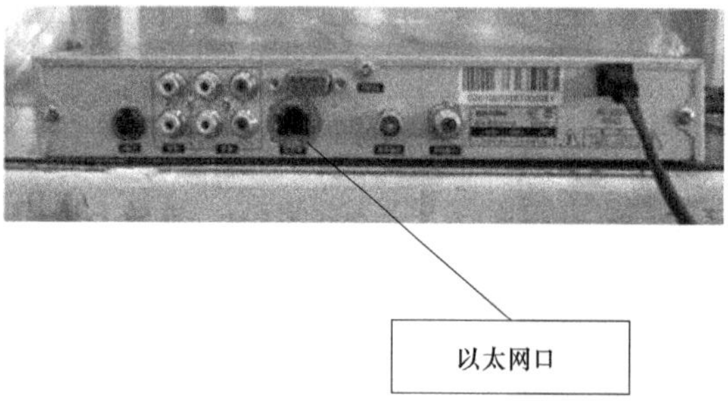

作业内容(注意事项)

1.将网线插入机顶盒网口

2.带机顶盒识别到IP后

由菜单－互动电视－文化共享－进入网页－进入一级网页即可

使用工具
－计算机

操作人	日期

图 6-7　机顶盒整机测试步骤三

*项目：SET TOP BOX
*规格：DH－801

测试步骤书

文件编号：DHDZ－SJ－TI－001－1101

工程编号	工 程 名	文件版本	制成	审核	批准
	制造部装配老化后测试作业－4	A 2019年1月10日			

作业图

串口

作业内容(注意事项)

烧入MAC地址：

1.在开机时按下前面板的“下键(▾)”不放，接着打开机顶盒电源，前面板显示“Addr ”字符后扫描MAC地址(条形码)，若前面板接着显示字符“ Good ”则说明扫描成功

2.重新启动机顶盒，确认序列号烧写成功、正确

使用工具

－手套

－串口扫描枪

操作人	日期

图 6-8　机顶盒整机测试步骤四

*项目：SET TOP BOX
*规格：DH－801

测试步骤书

文件编号：DHDZ－SJ－TI－001－1101

工程编号	工 程 名	文件版本	制成	审核	批准
	制造部装配老化后测试作业－5	A 2019年1月10日			

作业图

串口

作业内容(注意事项)

1.恢复默认值

用遥控器选择“参数设置”－“ 恢复出厂设置”，按STB遥控器上 “确定”键

确认遥控功能正常，显示无节目后，关机

2.拔电源线，理线

使用工具

－手套

操作人	日期

图 6-9　机顶盒整机测试步骤五

4. **训练报告与评价**

将训练结果填入表 6-2 中。

表 6-2 训练报告

姓名		训练项目	
班级		训练时间	
作业流程			
遇到问题			
自我评价			
教师评价			
教师签字			

6.4　技能拓展

在线测试设备操作训练

1. 训练要求

1）了解在线测试设备及在线测试应注意的相关事项。

2）能根据产品生产要求进行测试设备操作。

2. 训练器材与工具

1）防静电工作服、工作鞋、工作帽、工作手套、防静电腕带各一套。

2）ICT 整机一台（见图 6-10）。

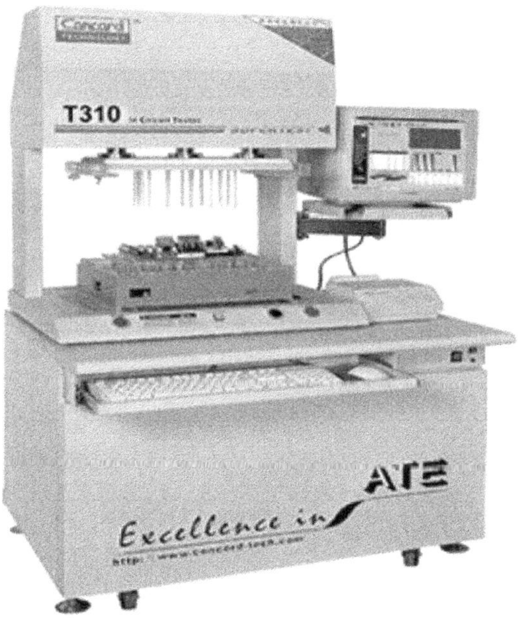

图 6-10　ICT 整机示意图

3）数字机顶盒主板待测试半成品若干。

3. 训练内容与步骤

1）收集在线测试设备的相关资料。在线测试设备仿真训练。

2）熟练在线测试设备仿真训练软件。

3）在线测试设备操作训练。完成数字机顶盒主板的测试过程，按工艺文件要求进行在线测试操作。

4）检查贴片质量，总结不足之处。

4. 训练报告与评价

将训练结果填入表 6-3 中。

表 6-3 训练报告

姓名		训练项目	
班级		训练时间	
作业流程			
遇到问题			
自我评价			
教师评价			
教师签字			

任务7

包　装

7.1　任务介绍

机顶盒要根据产品的设计要求和工艺要求进行质量检验和验收，检验合格后进行包装，然后才能入库或出厂。机顶盒的包装起到保护产品、提供方便、促进产品销售等重要作用。如图 7-1 和图 7-2 所示，当机顶盒按照相应工序完成生产后，还需要完成包装相关工作。

图 7-1　机顶盒产品

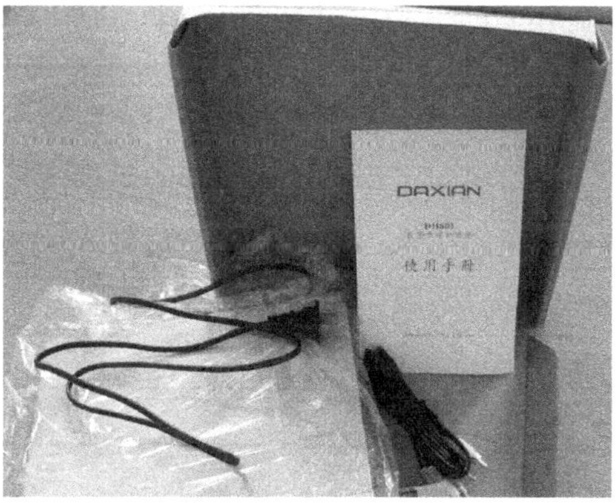

图 7-2　包装后的机顶盒产品

7.2　知识链接

机顶盒的全称叫做数字电视机机顶盒，它是一种将数字电视信号转换成模拟信号的设备。它对经过数字化压缩的图像和声音信号进行解码还原，产生模拟的视频和声音信号，通过电视显示器和音响设备给观众提供高质量的电视节目。

随着我国国民经济的快速增长，人均可支配收入迅速增加，消费者的购买力增强，机顶盒的市场需求呈现出了前所未有的强劲态势。过去人们关注的重点放在机顶盒的配置、功能、品牌、质量、服务等方面，但是随着环保意识的提升，人们对于机顶盒的包装越来越重视，开始追求绿色包装。因此，对机顶盒这类电子产品设计出切实可行的包装方案，具有重要的意义。

数字电视机顶盒的基本功能是接收数字电视，还有一些其他功能，现介绍如下。

1）电子节目指南（EPG）。给用户提供一个容易使用、界面友好、可以快速访问想看节目的一种方式，用户可以通过该功能看到一个或多个频道甚至所有频道上近期即将播放的电视节目。

2）高速数据广播。能给用户提供股市行情、票务信息、电子报纸、热门网站等各种消息。

3）软件在线升级。软件在线升级可看成是数据广播的应用之一。数据广播服务器按 DVB 数字视频广播标准将升级软件记录下来，机顶盒能识别该软件的版本号，在版本不同时接收该软件，并对保存在存储器中的软件进行更新。

4）因特网接入和电子邮件。数字机顶盒可通过内置的电缆调制解调器方便地实现因特网接入功能。用户可以通过机顶盒内置的浏览器上网，发送电子邮件。同时，机顶盒也可以提供各种接口与计算机相连，再通过计算机与因特网连接。

5）有条件接收。有条件接收的核心是加扰和加密，数字机顶盒应具有解扰和解密功能。

新一代数字机顶盒的功用应包括：接收广播方式的模拟电视和数字电视节目；高速访问 Internet，收发 e-mail；视频点播（VOD）和音乐点播功能；电话、可视电话、会议电视；连接 VCR、VCD 等消费电子产品的功能；电子购物；电子游戏等。

包装是科学和艺术的结合，是机械工程、数学、材料力学、环境科学、物理学、化学工程、生物工程和经济管理学等多学科相互渗透的新兴应用科学。包装涉及处理、储存、流通、广告、销售、展示、预加工以及工业体系中的其他领域，并将保护、宣传、化工机械、制造、材料和输送等内容联系在一起。

7.2.1 电子产品包装的分类

电子产品的包装一般可分为运输包装、销售包装和中包装几种类型。

1）电子产品运输包装即产品的外包装，它的主要作用是保护产品以承受流通过程中各种机械因素和气候因素的影响，确保产品数量和质量完整无损送到消费者手中。

2）电子产品销售包装即产品的内包装，它是与消费者直接见面的一种包装，其作用不仅是保护产品，便于消费者使用和携带，而且还有美化商品和广告宣传的作用。

3）中包装。中包装起到计量、分隔和保护产品的作用，是运输包装的组成部分；但也有随同产品一起上架与消费者见面的，这类中包装则应视为销售包装。

7.2.2 电子产品包装的功能

1. 保护功能

包装主要对内装产品起到保护作用。在流通过程中，保护产品避免受到外来的各种损坏和影响（如机械损伤、丢失盗窃、挥发、潮湿、曝光、氧化、污染等），使产品以良好的状态到达消费者手中。

2. 便利功能

包装应为装卸、储存、运输、销售和消费者提供方便，例如，合理的设计外包装容积结构及恰当的选择包装尺寸和重量等。同时，还要考虑包装物处理和回收的方便性。

3. 销售功能

包装能起到美化商品、宣传商品的作用，从而达到销售的目的。这包括结构设计和图案设计。典型电子产品包装如图7-3所示。

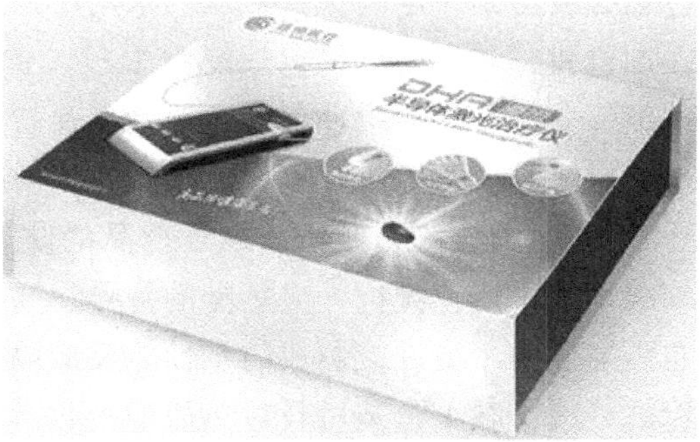
图 7-3 典型电子产品包装

7.2.3 包装材料和要求

1. 选择合适的包装材料

1）木箱。

2）纸箱（纸盒）。

3）缓冲材料。缓冲材料（衬垫材料）的选择应以最经济并能对电子产品提供起码的保护能力为原则。

4）防尘、防湿材料。防尘、防湿材料可以选用物化性能稳定、机械强度大、透湿率小的材料，如有机塑料薄膜、有机塑料袋等密封式或外密封包装。为了使包装内空气干燥，可以使用硅胶等吸湿干燥材料。常见的还有珍珠棉，其性能特点：具有优良的隔热、防振、防潮和防磨的作用，柔韧弹性好，重量轻，呈半硬质状，易于加工、裁切、粘贴等。可根据客户要求将珍珠棉加工冲、压、切成任何形状，并可带胶，主要用于产品内包装。主要有珍珠棉片、珍珠棉棒、珍珠棉管等产品，还可在加工成切片形状后，经过胶粘合一起形成珍珠棉支架。这种支架设计既实惠又经济，能发挥空间立体几何想象能力，以配合产品结构，并可与瓦楞纸结合在一起，做到“有骨有肉”。

2. 包装的要求

1）整机清洁工作。

2）外包装的强度要与内装产品相适应。

3）合理压缩包装体积。

4）防尘。

5）防潮。电子产品的防潮包装，有的在产品内包装加一层塑料薄膜、铝箔纸、蜡纸等防水包装材料，或在包装中置放干燥剂等；有的采用对瓦楞纸盒、纸箱表面进行上光、磨光、覆膜、涂蜡工艺处理，或采用淋膜机对纸板表面喷淋一层厚度在0.01～0.07mm的聚乙烯或聚丙烯等材料，使纸板的防潮、防污等性能得到大幅度的提高，也使纸板气密性和抗拉强度得到较大的提高。

6）防振缓冲。电子产品包装的基本功能就是要做到最大限度地保护产品，这就要求包装必须达到一定的保护性能。采用防振包装就是最基本的技术措施，防振包装又称为缓冲包装，其主要材料包括蜂窝纸板、护角纸板、瓦楞纸板、塑料泡沫、气泡薄膜、皱纹纸等。电子产品缓冲包装一般是在瓦楞纸箱、纸盒的基础上，在内包装增加塑料泡沫、气泡薄膜或瓦楞垫片等，使产品达到防振的目的。

7）防热包装工艺技术。电子产品的防热包装材料有的采用铝箔纸，铝箔反光能起反辐射隔热作用，抵抗外界热能的传导，并具有良好的防潮功能。还有的采用在包装上涂布丙烯酸纳米微乳液制成的水性热反应隔热涂料，这种纳米隔热环保涂层材料能有效反射红外线，减少包装材料对热能的吸收，并具有防腐、防水、隔热的优点。

8）防静电工艺技术。防静电屏蔽袋是适用于 PCB、IC 卡、MP3 等静电敏感产品的包装，能有效抑制静电的产生，可防止静电释放给电子产品带来的损害。防静电屏蔽袋的原理是多层复合结构形成隔离效应以保护袋内物品与静电场分开。其里层由聚乙烯组成，可以防止在袋内产生静电。

9）防锈。产品在包装前应按有关规定进行清洗，防锈处理后封装。根据产品的特点选择不同类型的防锈材料。防锈材料应符合有关部门的质量标准规定。常用防锈材料有防锈油脂、气相缓蚀剂（纸）、可剥性塑料等。产品上重要的精加工金属表面不得与包装底座、坚固木方或压板接触，必须在接触处用防锈、防潮、防振材料衬垫。

除了上述包装要求以外，有些电子产品的包装还应具备防磨、防霉变等功能。

7.2.4 电子产品标识和条形码

1. 电子产品标识（见图 7-4）

按照要求，国内所有进入市场含有毒、有害物质的电子信息产品，必须采用贴标志或写在产品说明书里的方式，明示产品中含有的有毒、有害物质或元素的名称、含量、环保使用期限和在废弃时可否回收利用等信息。

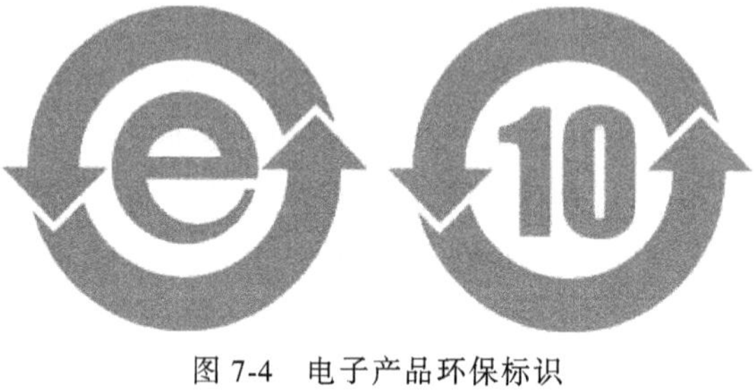

图 7-4　电子产品环保标识

电子产品环保标志体系全称“电子信息产品污染控制标识”，是由“绿标”和“橙标”两部分构成。无论是“绿标”还是“橙标”，都是上下两个箭头合围的一个“圆”，预示着可循环再用。“绿标”代表该产品是环保的、绿色的电子产品，其“圆”围绕的是绿色小写“e”字。“橙标”代表所示电子产品含有毒、有害物质，其圆“圆”围绕一个阿拉伯数字，代表该产品的环保使用期限。

2. 条形码（见图 7-5）

条形码（barcode）是将宽度不等的多个黑条和空白，按照一定的编码规则排列，用以表达一组信息的图形标识符。常见的条形码是由反射率相差很大的黑条（简称条）和白条（简称空）排成的平行线图案。条形码可以标出物品的生产国、制造厂家、商品名称、生产日期、图书分类号、邮件起止地点、类别、日期等许多信息，因而在商品流通、图书管理、邮政管理、银行系统等许多领域都得到广泛的应用。

条形码技术是随着计算机与信息技术的发展和应用而诞生的，它是集编码、印刷、识别、数据采集和处理于一身的新型技术。

使用条形码扫描是市场流通的主要形式。为了使商品能够在全世界自由、广泛地流通，企业无论是设计制作、申请注册还是使用商品条形码，都必须遵循商品条形码管理的有关规定。机顶盒包装上的条形码如图 7-6 所示。

图 7-5　条形码图示

图 7-6　机顶盒包装上的条形码

7.3　能力训练

7.3.1　电子整机包装工艺流程

1. 电子整机包装通用工艺流程

整机总检⟶说明书、保修卡、合格证、维修点地址、意见书等装袋⟶贴条形码标签⟶套塑料薄膜⟶打开包装纸箱⟶放入下缓冲垫（一对）⟶整机装箱⟶放入附件和产品说明书⟶放入上缓冲垫（一对）⟶合上纸箱盖贴封胶带⟶打上封箱钉，塑料打包带⟶入库。

2. 电子产品包装原则

电子产品的包装要符合科学、经济、美观、适销、环保的原则，其外包装、内包装和中包装是相互影响、不可分割的一个整体。产品包装具体有如下原则。

1）包装是一个体系。

2）包装是生产经营系统的一个组成部分，过分包装和不完善包装都会影响产品的销路。

3）产品是包装的中心，产品的发展和包装的发展是同步的。良好的包装能为产品增加吸引力，但再好的包装也遮盖不了劣质产品的缺陷。

4）包装具有保护产品、激发购买力、为消费者提供便利三大功能。

5）经济包装以最低的成本为目的。

6）包装必须标准化。

7）包装是一门科学，又是一门艺术。产品包装必须根据市场动态和客户爱好在变化的环境中不断地改进和提高。

8）节约有限资源，使用合适的包装，防止污染物超标，促进可降解和易回收材料的应用，实行绿色包装。

3. 包装的检测

当数字机顶盒生产结束之后，需要对机器性能、机器包装和整机外包装进行相应的检测，下面主要从包装的检测方面进行说明。

（1）检测目的

规范整机成品的外观质量接收标准，确保产品出厂时外观品质符合产品规格要求与相关法律法规的要求，以及满足客户需求。

（2）适用范围

1）适用于数字卫星接收机、数字有线电视机顶盒、数字地面广播机顶盒等以整机形式出货的产品外观、结构、包装、配件等方面的检验。

2）本标准与研发院相关设计文件、工艺作业指导文件一起并列执行。

（3）抽样计划

1）抽样方式：按照抽样方案抽取样本。

2）接收质量限 AQL：CR（致命缺陷）= 0；MA（主要缺陷）= 0.65；MI（次要缺陷）= 2.5。

（4）检验条件

1）光照度：200～300lx（相当于 40W 白炽灯 450mm 高度下的亮度）。

2）距离 30～40cm，视角与受检面呈 45°～60°。

3）检验工具：游标卡尺、卷尺、塞尺、激光条码扫描器。

（5）名词定义

1）A 级面：产品于正常的操作条件下，使用者总是看到的地方，指机箱前面、上盖顶面。

2）B 级面：产品于正常的操作条件下，使用者会偶尔看到的地方，指机箱左右两侧面位置。

3）C 级面：产品于正常的操作条件下，使用者很少会看到的地方，指机箱后板。

4）D 级面：产品于正常的操作条件下，使用者几乎不会看到的地方，指机箱底部位置、机器内部。

机顶盒级面如图 7-7 所示。

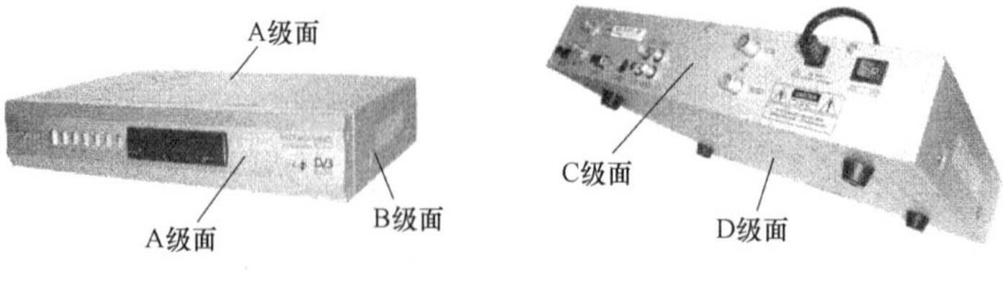

图 7-7　机顶盒级面

7.3.2 电子产品装箱注意事项

1. 包装过程注意事项

1）包装前一般要对电子产品进行清洁处理。

2）包装中对产品要轻拿轻放，避免敲打、捶击，不允许给产品造成损伤。

3）包装箱内应有成套装箱文件。

4）装入包装箱内的产品、附件和衬垫，不得在包装箱内任意移动。

2. 包装的标志

1）产品的名称及型号、规格和数量。

2）商品的名称及注册商标图案。

3）产品的主体颜色。

4）出厂编号、生产日期（年、月、日）。

5）箱体外形尺寸、净重、毛重。

6）商标、生产厂名。

7）储运标志，按照国家标准中有关标志符号图案的规定正确选用。

8）条形码，它是销售、包装、加印的复合条形码。

3. 储存和运输

产品储存和运输应注意以下几点。

（1）环境条件

一般储存环境温度为-15~45℃，相对湿度（RH）不大于80%，并要求库房周围环境中无酸、碱性或其他腐蚀性气体，还应具备防尘条件。

（2）储存期限

储存期限一般为一年，超过一年期应随产品一起检验合格后，方可再次进入流通过程。

（3）规范运输

运输时，必须按照包装箱上的储运标志内容进行操作，将包装件固定牢固。目前企业包装主要有半自动流水线作业方式和全自动流水线作业方式。

4. 包装标志要求

包装标志应采用印刷或模板喷刷，不应使用蜡笔、粉笔、标记笔、吊牌或卡片。包装储运图示标志按GB/T 191—2008执行。机顶盒包装上操作安全图标如图7-8所示。

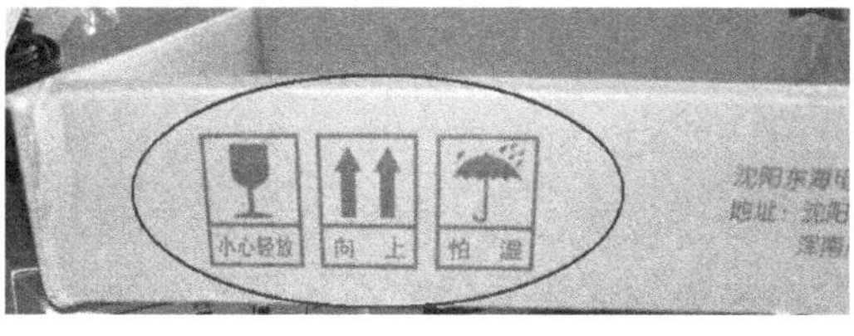

图7-8 机顶盒包装上操作安全图标

7.4 技能拓展

食品包装注意事项

1）了解食品本身的特性及其所需求的保护条件，尤其是影响食品中主要成分的因素，特别是影响脂肪、蛋白质、维生素等营养成分的敏感因素，包括光线、氧气、温度、微生物及物理、机械力学等方面的影响因素。只有掌握了被包装食品的生物、化学、物理学特性及其敏感因素，确定其要求的保护条件，才能确定选用什么样的包装材料、包装工艺技术进行包装操作，以达到其保护功能及适当延长贮存期的目的。

2）研究和掌握包装材料的包装性能和适用范围及条件。包装材料种类繁多、性能各异。因此，只有在了解包装材料和容器的包装性能，才能根据包装食品的防护要求选择既能保护食品风味和质量，又能体现其商品价值，并使其成为合理的包装材料。

3）掌握有关的包装技术方法对于给定的食品，除需要选取合适的包装盒容器外，还应采用最适宜的包装技术。同一种食品往往采用不同的包装技术而达到相同或相近的包装要求和效果。例如，对于易氧化的食品，可采用真空或充气包装，也可采用封入脱氧剂进行包装。但有时为了达到设定的要求和效果，必须采用特定的包装技术。包装技术与包装材料的选用密切相关，也与包装食品的市场定位等诸的因素密切相关。

4）研究和了解商品的市场定位及流通区域条件。商品的市场定位、运输方式及流通区域的气候和地理条件等是食品包装设计时必须考虑的因素。国内销售的商品与面向不同国家出口的商品的包装和装饰要求各不相同；不同运输方式对包装的保护性要求也不相同。对食品包装而言，商品流通区域的气候条件变化至关重要，因为气温对食品内部成分的化学变化、食品微生物及其包装材料本身的阻隔性能都有很大的影响。

5）不仅应研究和了解包装整体结构和包装材料对食品的影响，还应了解包装材料中的添加剂等成分向食品迁移的情况，以及食品中某些组分向包装容器中渗透和被吸附情况等对流通过程中食品质量的影响。

6）进行合理的包装结构设计和装饰设计。根据食品所需要的保护性要求预计包装成本、包装量等诸多方面的条件后进行合理的包装设计，包括容器形状、耐压强度、结构形式、尺寸、封合方式等方面，应尽量做到包装结构合理、节省材料、节约运输空间及符合时代潮流，避免过分包装和欺骗性包装。

包装装饰设计应与内装产品相适应，做到商标醒目、文字简明、图案色彩鲜明而富有视觉冲击力，并能迎合所定位消费人群的喜好。出口商品应注意消费国家的民族习惯和避免消费群体的禁忌。

7）掌握包装的测试方法。合格的商品必须有合格的包装，商品检测除对产品本身进行检测外，对包装也必须进行检测，都合格后方能进入流通过程，应视内装食品的特性及其敏感因素、包装材料种类及其国家标准和法规要求而定。例如，罐头食品用空罐常需测定其内涂料在食品中的溶解情况，脱氧包装应测定包装材料的透氧率，防潮包装应测定包装材料的水蒸气透过率等。

8）掌握包装标准及其法规。包装操作应严格遵守国家标准和法规，出口产品还应遵守进口国的相关标准和法规。只有这样才能保证从包装的原材料供应、包装作业、商品流通及国际贸易等流程的顺利进行。随着市场经济和国际贸易的发展，包装的标准化、规范化越来越重要。只有这样才能使我们的商品走出国门，参与国际市场的竞争。

常用食品包装图标如图 7-9 所示。

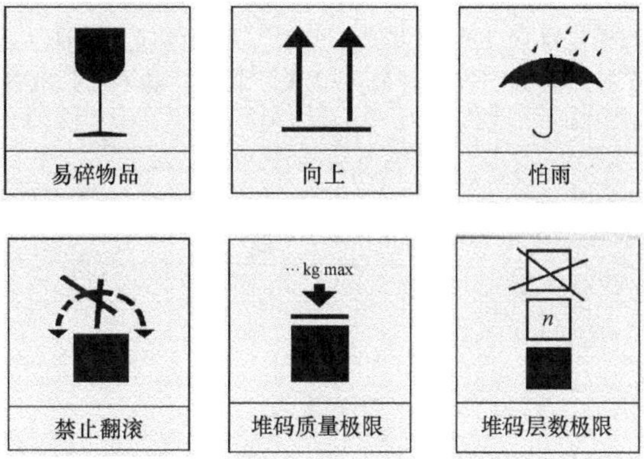

图 7-9　常用食品包装图标

参考文献

［1］ 杨海祥. 电子整机装配与维修实训［M］. 北京：人民邮电出版社，2010.

［2］ 王奎英. 电子整机装配工艺与调试［M］. 北京：电子工业出版社，2011.

［3］ 费小平. 电子整机装配工艺［M］. 北京：电子工业出版社，2007.

［4］ 张修达. 电子整机装配实习［M］. 北京：高等教育出版社，2012.

［5］ 白秉旭. 电子装配工艺项目教程［M］. 北京：电子工业出版社，2007.

［6］ 何丽梅，黄永定. SMT 技术基础与设备［M］. 2 版. 北京：电子工业出版社，2011.